LA SANTÉ CONNECTÉE

5-7, rue de l'École-Polytechnique ; 75005 Paris

http://www.editions-harmattan.fr

ISBN : 978-2-343-20334-8
EAN : 9782343203348

LA SANTÉ CONNECTÉE

NOUVELLES TECHNOLOGIES
ET RÉORGANISATION
DES SOINS

L'Harmattan

SOMMAIRE

INTRODUCTION DU NUMERO SPECIAL
LES IMPACTS DES NOUVELLES TECHNOLOGIES SUR LES SYSTEMES DE SANTE

Audrey BECUWE
CREOP EA-4332 et membre associée au CeReS
Université de Limoges
audrey.becuwe@unilim.fr

Clémence THEBAUT
OMIJ
Université de Limoges
clemence.thebaut@unilim.fr

L'OMS définit la santé connectée (appelée aussi santé numérique) comme un ensemble d'activités et de composantes (applications mobiles, en passant par les objets connectés ou bien encore le dossier médical personnalisé) ayant recours à des moyens électroniques pour délivrer des informations, des ressources et des services en lien avec la santé (OMS, 2016). L'objet de ce numéro spécial est d'étudier l'impact de ces nouvelles technologies sur les systèmes de santé. Ces innovations sont en effet susceptibles de modifier les modes de communication et la nature des informations échangées entre les différents acteurs, qu'il s'agisse d'organisations du secteur sanitaire et médico-social, de médecins, d'industriels ou encore d'associations de patients.

En France, la place du numérique dans l'organisation des soins a fait l'objet de nombreuses discussions (Menvielle et alii, 2016) avant que des orientations stratégiques n'aient été plus précisément définies dans la Stratégie nationale sur la e-santé[1], puis dans la feuille de route « Accélérer le virage du numérique » dans le cadre du programme « Ma Santé 2022 »[2].

---

[1] La stratégie nationale e-santé 2016-20 prévoit de donner la priorité à l'investissement dans les outils de coordination des prestataires de soins et au développement de solutions informatiques intégrées qui simplifieraient les procédures pour les patients et l'application des directives médicales pour les professionnels de santé. (https://solidarites-sante.gouv.fr/IMG/pdf/strategie_e-sante_2020.pdf)

2 https://solidarites-sante.gouv.fr/actualites/actualites-du-ministere/article/presentation-de-la-feuille-de-route-accelerer-le-virage-du-numerique

Les enjeux que soulèvent ces innovations organisationnelles impliquent des recherches dans plusieurs disciplines. Pour cette raison, ce numéro regroupe des articles proposés par des économistes, des gestionnaires mais aussi un sociologue. Il comporte également la présentation d'un ouvrage par Corinne Grenier, intitulé « La santé connectée citoyenne », écrit par Picard Robert et publié par les éditions ISTE en 2019. Enfin, nous restituons un interview mené avec le Docteur Fabrice Denis, Oncologue à l'Institut de cancérologie Jean Bernard du Mans et Concepteur de MOOVCARE®.

Dans son article intitulé « La télémédecine, simple évolution ou véritable révolution des usages dans le système de santé ? », Jean-François Nys retrace les difficultés rencontrées par les administrations publiques pour définir un cadre juridique et financier favorable au développement de nouvelles pratiques de soins mobilisant les outils technologiques (téléconsultations, téléexpertise, applications mobiles de suivi ou de dépistage, etc.). Parmi l'ensemble des freins identifiés dans cette revue de littérature, Jean-François Nys relève notamment :

- Des freins techniques : faible couverture numérique sur le territoire ;
- Des freins économiques : réticence des organismes d'assurance maladie obligatoire à l'idée d'élargir le périmètre des soins remboursables à ces nouvelles catégories de services dans le contexte d'objectif de maîtrise des dépenses ;
- Des freins culturels : craintes ressenties par la communauté médicale d'un renforcement de la standardisation des pratiques (étudiées également par Gallois et Rauly dans l'article suivant) ;
- Des offreurs longtemps multiples dont l'éclatement a conduit à freiner l'interopérabilité des systèmes d'information.

Jean-François Nys remarque toutefois le rôle de catalyseur exercé par des plateformes numériques, initialement spécialisées dans la prise de rendez-vous sur internet et qui se présentent aujourd'hui dans des situations de quasi-monopoles dans l'offre de téléconsultations, à l'instar de Doctolib en France et qui illustrent parfaitement les spécificités des marchés bifaces (Tirole, 2016).

Florence Gallois et Amandine Rauly, dans le cadre d'un article intitulé « La gouvernance de la télémédecine face à l'organisation libérale des soins », réinterrogent quant à elles l'argument selon lequel l'absence de cadre juridique et institutionnel de la télémédecine constitue un frein à son développement en France. Leur analyse s'appuie sur les résultats d'une enquête menée auprès de médecins libéraux dans l'ex-région Champagne-Ardenne et dans deux départements d'Ile-de-France, les Hauts-de-Seine et le Val-de-Marne, dans le cadre d'un partenariat de recherche avec l'Union régionale des professionnels de santé. Sur la base des travaux de Assens et Accard (2007), les auteures identifient des lieux de conflits entre la gouvernance interne à la profession construite préalablement à l'institutionnalisation de la télémédecine et la gouvernance externe construite par les tutelles. Les médecins libéraux craignent que les politiques de soutien au développement de la télémédecine soient l'occasion pour les tutelles de favoriser :

- Une plus grande standardisation des pratiques ;
- Le développement de coopérations et de délégation de compétences entre les professionnels de santé ;
- Une diversification éventuelle des modes de rémunération des professionnels de santé libéraux par rapport au paiement à l'acte traditionnel.

Dans le prolongement de Florence Gallois et Amandine Rauly, qui étudient les freins perçus par les médecins libéraux, Adrien Defossez, dans un article intitulé « Introduire la télésanté à l'hôpital : Observations sociologiques dans un service oncologie », rend compte des difficultés que posent le développement d'une solution de télésanté au sein d'un service d'oncologie à l'hôpital. L'auteur met en parallèle les discours incitatifs produits par les promoteurs du dispositif avec les problématiques concrètes que celui-ci soulève au sein du service. Les discussions au sein de l'équipe de soins portent principalement sur l'utilisation d'une messagerie sécurisée et d'un planning de rendez-vous en ligne. Ces outils sont censés améliorer la coordination des soins entre le domicile du patient et l'hôpital, améliorer le bien-être des patients en leur permettant de communiquer plus facilement avec les soignants grâce à cette nouvelle interface tout en aidant ces derniers à s'organiser dans leur gestion des réponses à apporter aux patients. Ces outils posent cependant des questions de répartition des tâches au sein de l'équipe et participent à redéfinir le travail des soignants.

Dans son article intitulé « La gouvernance hospitalière à l'heure du Big Data », Nathalie Conan-Brossier s'intéresse à l'impact des nouvelles technologies, non seulement sur les pratiques de soins mais également sur les pratiques managériales à l'hôpital. Elle montre que les techniques d'intelligence artificielle peuvent être utilisées pour identifier, à partir des données produites par l'établissement, des leviers d'action pour en améliorer la performance et renforcer ainsi les décisions des directeurs hospitaliers. En contrepartie, l'exploitation de ces données risque de réduire l'asymétrie d'information entre les directeurs et leurs tutelles et d'offrir à ces dernières un outil de contrôle des décisions managériales.

Delphine Wannenmacher dans son article, intitulé « Les impacts du robot chirurgical sur l'activité des blocs opératoires », analyse au moyen d'un travail d'observation de terrain les effets concrets de l'introduction d'un robot chirurgical sur la gestion de l'espace, sur les modes de communication entre les personnes dans le bloc opératoire et sur les relations qu'entretiennent entre elles les différentes catégories de professionnels. Ces impacts sont toutefois accentués par le cloisonnement qui existe entre les membres du bloc opératoire et par les nouvelles formes de gouvernance hospitalière (*new public management*). Les effets du robot pourraient toutefois être nuancés si toutes les fonctions de la technologie étaient utilisées (ex. microphones, deuxième écran et utilisation de la deuxième console robotique par l'interne) et au moyen de la création de nouveaux espaces d'échanges.

Dans un article intitulé « La e-santé et le patient 2.0 : la colonisation démocratique ! », Jihane Sebai étudie la création de dispositifs (objets connectés, DMP, etc.) et de nouveaux espaces virtuels d'information et d'échanges à destination des patients, qui bouleversent les relations traditionnelles qu'ils entretenaient avec les professionnels de santé. Ils leur permettent d'occuper une place nouvelle dans le système de santé, en tant que producteurs de données, et d'acquérir davantage d'autonomie. Jihane Sebai remarque enfin que ces nouveaux espaces sont également investis émotionnellement par les patients et répondent en ce sens à des besoins qui ne sont pas toujours satisfaits par le système de santé.

Enfin, nous proposons un interview mené avec le Docteur Fabrice Denis, Oncologue à l'Institut de cancérologie Jean Bernard du Mans et Concepteur de MOOVCARE®. L'interview du Docteur Fabrice Denis est intitulé « Les applications numériques en santé à l'épreuve du circuit de fixation de prix et de remboursement des produits de santé, l'exemple de MOOVCARE® ». MOOVCARE® est une web-application qui permet de détecter précocément les récidives et complications pour les patients atteints d'un cancer du poumon. L'interview permet d'illustrer les problèmes spécifiques que rencontrent les applications numériques en santé dans les négociations qu'elles mènent avec les tutelles en charge de la régulation du panier de soins remboursables.

Pour terminer, Corinne Grenier présente l'ouvrage intitulé « La santé connectée citoyenne » écrit par Picard Robert et publié par les éditions ISTE en 2019. L'ouvrage présente les méthodes utilisées pour observer l'usage que font les patients et les professionnels de santé des objets connectés, le contexte dans lequel ces méthodes sont mobilisées et leur finalité.

BIBLIOGRAPHIE

MENVIELLE, L., MENVIELLE, W., AUDRAIN-PONTEVIA, A-F., 2016, « Effets de la fréquence d'utilisation des communautés virtuelles de patients sur la relation patients-médecins », *Journal de gestion et d'économie médicales,* 2016/8, Vol. 34, pp. 431-452.

TIROLE, J., 2016, *Quand le digital modifie la chaîne de la valeur* in Economie du bien commun, PUF, pp. 507 – 537.

WHO, 2016, From Innovation to Implementation : eHealth in the WHO European Region. Copenhagen: World Health Organisation.

LA TELEMEDECINE, SIMPLE EVOLUTION OU VERITABLE REVOLUTION DES USAGES DANS LE SYSTEME DE SANTE FRANÇAIS ?

Jean-François NYS
Université de Limoges
jean-francois.nys@unilim.fr

RESUME

L'usage de la télémédecine entraine-t-il une véritable rupture dans notre système de santé ou s'agit-il d'une simple évolution ? Depuis les premières expérimentations, vieilles de plus d'un siècle, la télémédecine n'a connu un véritable développement qu'au début des années 2000. Les freins à son développement sont à la fois technologiques, juridiques, politiques et économiques. Pour favoriser son développement il faut une véritable confiance entre les acteurs. Cela passe par des actes relatifs à l'organisation des soins et la rémunération des soignants ainsi qu'une relation non déshumanisée avec les patients … Un développement rapide de la télémédecine peut aider à réduire les déserts médicaux et contribuer à une prise en charge plus rapide des soins et de meilleure qualité pour les patients. Les fabricants de matériel et les offreurs de services participent à un nouveau type de marchés qualifiés de bifaces dans la théorie économique. Après un développement qui a vu naitre de nombreuses entreprises, une phase de concentration se dessine avec la possibilité de voir apparaitre des situations de quasi-monopole. Les résultats des années récentes montrent une croissance rapide de l'usage de la télémédecine, mais ils mettent également en évidence le risque d'une coupure entre des usagers connectés et « agiles » et des usagers réticents ou sans accès à ces nouveaux services. Dans quelques années le numérique aura-t-il fait disparaitre le terme de télémédecine car son usage en sera généralisé ?

Mots-clés : assurance maladie, innovation, marché, médecin, offre, service, patient, plateforme, téléexpertise, télémédecine, télésanté, télésoins.

ABSTRACT

Does the use of telemedicine cause a real break in our health system or is it a simple evolution?

Since the first experiments, over a century old, telemedicine has experienced a real development only in the beginning of the 2000's. The obstacles to its development are at the same time technological, legal, political and economic. To promote its development, genuine trust is needed between the players. This involves acts concerning the organization of care and the caregiver's remuneration, as well as a non-dehumanized relationship with patients… A rapid development of telemedicine can help reduce medical deserts and contribute to faster care and better quality for patients. Equipment manufacturers and service providers are entering a new type of market that is known as two-sided in economic theory. After a development which has seen the birth of many companies, a phase of concentration is emerging with the possibility of seeing situations of quasi-monopoly arise. The results of recent years show a rapid growth in the use of telemedicine, but they also highlight the risk of a break between connected and comfortable using the internet tool and other users who are reluctant or without access to these new services. Will digital technology eliminate the term telemedicine in the next few years because the use will be generalized?

Keywords: health insurance, innovation, market, doctor, offer, service, patient, platform, tele-expertise, telemedicine, telehealth, tele-care.

JEL codes : J11, J18, L10, O33.

INTRODUCTION

Face à l'évolution technologique rapide de notre société, son système de santé se trouve affecté par de nombreuses innovations parmi lesquelles la télémédecine. Depuis la révolution industrielle, selon un processus parfaitement décrit par J. Schumpeter, des innovations créent de nouvelles activités et en détruisent d'autres. Au 17ème siècle, le médecin de campagne se rendait chez ses patients à pied ou à cheval. Au

20ème siècle, il s'y rendait en automobile. Lorsque la circulation est devenue très dense, le médecin passait de plus en plus de temps en voiture ce qui réduisait d'autant son temps médical ; aussi le patient a été invité à se rendre au cabinet du médecin. Aujourd'hui chacun peut rester chez soi, la technologie permettant d'entrer en communication pour des soins, des conseils, un suivi… S'agit-il d'une simple évolution technologique ou d'une révolution qui va entraîner une modification profonde des systèmes de santé ?

Avant toute analyse, il convient d'abord de définir la télémédecine. Les définitions sont nombreuses et les termes employés ne recouvrent pas exactement les mêmes choses (SIMON, 2017). Pour l'OMS (OMS,1997) la télémédecine est une pratique médicale réalisée à distance par des professionnels médicaux[3].

Malgré cette définition officielle plusieurs termes sont utilisés pour décrire cette pratique. On rencontre les termes télésanté (telehealth), e-santé (e-health) et télémédecine (telemedicine) souvent utilisés comme synonymes. En réalité, la télésanté est un ensemble de pratiques qui incluent la télémédecine et la e-santé. Mais la e-santé a un contenu plus large que la télémédecine, car elle sort du système de santé pour pénétrer la sphère domestique (GALLOIS - RAULY, 2015). Le terme e-santé est utilisé plutôt par les ingénieurs, les informaticiens et les spécialistes du numérique alors que les professionnels de santé parlent de télémédecine. Ainsi, selon les auteurs ces termes désignent soit une pratique médicale à distance, soit le processus de production de cette pratique, soit la technologie utilisée. On peut donc considérer que « La télémédecine, telle qu'elle est définie par l'OMS est paradoxalement à la fois extrêmement restrictive et incomplète. Restrictive dans le sens où elle est associée uniquement à l'espace du soin et renvoie a priori exclusivement à l'acte médical. Incomplète dans la mesure où le périmètre d'action en termes de pathologies, de spécialités et d'acteurs concernés n'est pas défini. » (GALLOIS – RAULY, 2016).

Depuis le début des années 2000, un nouveau terme est apparu : la mHealth (santé sur mobile), qui recouvre les pratiques de santé supportées par des appareils mobiles, tels que les téléphones mobiles, les dispositifs médicaux portables, les objets connectés (HAS – 2016) ; on parle également de "santé connectée" (connected Health).

En France, depuis la loi « Hôpital, patients, santé et territoires » (HPST) du 21 juillet 2009 la télémédecine est définie comme une forme

---

[3] « Telemedicine is the delivery of health care services, where distance is a critical factor, by all health care professionals using information and communication technologies for the exchange of valid information for diagnosis, treatment and prevention of disease and injuries, research and evaluation, and for the continuing education of health care providers, all in the interests of advancing the health of individuals and their communities » (OMS, 1997, p. 10).

de pratique médicale à distance fondée sur l'utilisation des technologies de l'information et de la communication (article L6316-1. Code de santé publique).

Cinq actes de télémédecine sont ensuite définis ainsi que leurs conditions de mise en œuvre (HAS, 2016)[4] : la téléconsultation, la téléexpertise, la télésurveillance, la téléassistance et la régulation médicale.

La loi « Ma santé 2022 » du 24 juillet 2019 définit une nouvelle pratique, le « télésoin », qui met en rapport un patient avec un ou plusieurs pharmaciens ou auxiliaires médicaux, en complément de la télémédecine réservée aux professions médicales. De ce fait, la télésanté se décline en télémédecine pour les professionnels de santé médicaux (médecins, sages-femmes, chirurgiens-dentistes) et en télésoin pour les professionnels de santé non-médicaux (pharmaciens et auxiliaires médicaux). Cette évolution sémantique permet de ne plus confondre le terme "télésanté" avec celui de "e-santé" comme c'est le cas dans les pays anglosaxons où "telehealth" est définie comme "l'ensemble des technologies, des réseaux et des services de soins basés sur la télécommunication et comprenant des programmes d'éducation, de recherche collaborative de consultation ainsi que d'autres services offerts dans le but d'améliorer la santé du patient" ce qui est pratiquement la définition de l'e-santé donnée par l'OMS (WHO, 2005).

Ces nouvelles technologies de l'information et de la communication induisent-elles une rupture dans le système de santé ?

Celui-ci n'est pas figé. Il évolue sans cesse au rythme des progrès techniques et des découvertes scientifiques. L'introduction des technologies de l'information et de la communication vont-elles entraîner une simple évolution ou une véritable rupture, une « disruption » qui le transformera totalement à l'horizon 2030 ? S'agit-il d'introduire dans la pratique des soins de nouveaux outils plus ou moins sophistiqués ou suffit-il d'un smartphone pour changer les pratiques ? Les nouveaux outils vont-ils conduire à de nouvelles pratiques, à de nouveaux usages comme ils l'ont fait dans un grand nombre de secteurs de l'économie, faisant craindre à certains une « uberisation » de la santé, une déshumanisation de la relation médecin-patient, l'algorithme ayant remplacé l'échange en face à face, une entrée massive des GAFA voire même des BATX dans notre système de santé ? Est-ce à craindre ou au contraire est-ce un espoir qu'il faut favoriser, la santé étant presque au bout d'un smartphone entrant en contact avec un robot (VALLANCIEN, 2015).

Pour répondre à ces questions nous analyserons la longue marche de la télémédecine en France (1), avant de voir comment elle s'incarne dans les pratiques et quels bénéfices peuvent en attendre les patients (2). La télémédecine, comme un grand nombre de pratiques, suppose qu'une

---

[4] Décret n°2010-1229 du 19 octobre 2010.

infrastructure technique soit disponible générant de fait une industrie et des offreurs de services qui deviennent des acteurs incontournables de ce marché (3).

1. LA TELEMEDECINE : UNE LONGUE MARCHE POUR UNE PRATIQUE INDISPENSABLE

1.1. Des premières expérimentations à une pratique reconnue

La médecine a toujours intégré dans sa pratique les évolutions technologiques. Elle le fait avec l'électricité dès la fin du 18ème siècle (MATERE, 2016) et son utilisation médicale au cours du siècle suivant (BLONDEL, 2010). Viendra ensuite l'usage de la transmission avec le téléphone, puis la télévision. Dès 1905 le Pr. Willem Einthoven, prix Nobel de médecine en 1924, transmet des électrocardiogrammes depuis l'hôpital de Leyde aux Pays-Bas vers son laboratoire à 1.5 km par câble téléphonique. Le 22 mars, le premier « Télécardiogramme » est enregistré sur un homme.

Mais c'est au début des années 1970 que la télémédecine nait réellement aux Etats-Unis quand le Docteur Kenneth Bird installe une relation télévisuelle entre l'aéroport de Boston et l'hôpital General où il exerce, situé au centre-ville. Victime de jalousie et aussi de son coût élevé ce dispositif ne fonctionnera que pendant deux années au cours desquelles plus de 1.000 consultations seront réalisées (BASHSHUR, 2009).

Du milieu des années 1970 à la fin des années 1980 la télémédecine connaît un développement limité à des situations particulières comme la mer, l'espace, les prisons (DEVELAY et *al*, 2015) ...

Les années 1990 marquent un nouveau départ, car la télémédecine est maintenant en mesure de conjuguer simultanément la voix, les données et les images.

Plusieurs facteurs sont intervenus pour expliquer ce développement erratique.

Les vols habités dans l'espace se sont ralentis mais la télémédecine s'est développée dans les pays à vaste étendue de territoire avec des populations isolées comme les Etats-Unis, le Canada ou l'Australie (EIKELBOOM, 2012). Les agences européennes n'ont pour autant pas négligé ce secteur et lorsque Thomas PESQUET a effectué son séjour en orbite, novembre 2016 – juin 2017, il a embarqué avec un échographe télé-opéré depuis la Terre.

L'évolution constante des moyens de communication est le deuxième facteur du développement de la télémédecine. La révolution des NTIC (BEUSCART, 2000) avec l'utilisation d'Internet par les patients a progressivement gommé la frontière entre le « médecin expert » et le « patient profane » (GRIMALDI, 2015 ; NYS, 2015). Si elles ne sont plus « nouvelles » aujourd'hui, les TIC offrent encore des possibilités de développement avec le passage à la 4G et bientôt à la 5G.

Un troisième facteur est l'extrême miniaturisation qui s'est développée simultanément à une très forte augmentation de puissance. Ainsi un dossier patient peut instantanément être transféré d'un bout à l'autre de la planète, abolissant les délais et les distances, donnant un autre sens à la géographie et réduisant fortement l'importance du « territoire de santé » pour l'offre de soins.

Mais les innovations technologiques ne suffisent à expliquer les évolutions des pratiques médicales. Il leur faut un intérêt économique et/ou une incitation politique. Très vite, les autorités de la santé vont voir dans la télémédecine un outil de la maîtrise des dépenses de santé, axe principal de la politique de santé des années 1990 (BILI, 2012). La télémédecine était d'autant plus intéressante qu'elle permettait de combiner la rationalisation des dépenses de santé avec une plus grande égalité d'accès aux soins (SUAREZ, 2002 ; GAGLIO, MATHIEU-FRITZ, 2018).

L'université de Toulouse a été pionnière en France en créant au sein de son CHU, dès le 10 juillet 1989, l'Institut Européen de Télémédecine puis le 30 octobre 1991 la Société Européenne de Télémédecine, avant de réaliser au cours de l'année 1992 les premières liaisons de télémédecine entre le CHU, le CH de Rodez et le CH Territorial de Nouméa. La Région Midi-Pyrénées devient en 1993 un territoire expérimental pour le développement de la télémédecine. A partir de là sera créé le premier groupement de coopération sanitaire dénommé réseau télémédecine régional, transformé en GIP en 2002.

En 2004 un service télémédecine est créé au CHU de Toulouse et la même année la loi du 13 août 2004 relative à l'assurance maladie reconnait la télémédecine et favorise son développement.

La loi « hôpital, patients, santé, territoires » (HPST) du 21 juillet 2009 et le décret du 19 octobre 2010 qui lui fait suite codifie les 5 actes de télémédecine.

En 2011 la stratégie nationale de déploiement de la télémédecine définit cinq priorités nationales : la permanence des soins en imagerie médicale, la prise en charge des accidents vasculaires cérébraux (AVC), la santé des personnes détenues, la prise en charge de maladies chroniques (insuffisance rénale, l'insuffisance cardiaque, diabète, etc.) et les soins en structure médico-sociale ou en hospitalisation à domicile (HAD) qui devront être déclinés au plan local par les agences régionales de santé (ARS) dans un programme régional de télémédecine (PRT).

Ce développement de la télémédecine doit permettre de corriger les inégalités d'accès (DESBOIS, 2018) aux soins dans les territoires à faible densité médicale et soignante, d'améliorer la coordination des soins entre professionnels de santé et de faire face à la croissance des maladies chroniques liées au vieillissement de la population.

La loi de financement de la Sécurité sociale de 2014 dans son article 36, encourage la réalisation d'expérimentations en télémédecine pour une durée de quatre ans au sein de 9 régions pilotes[5] dans le cadre du programme ETAPES (Expérimentations de Télémédecine pour l'Amélioration des Parcours en Santé). Cette expérimentation sera reconduite pour quatre ans par la loi de financement de la sécurité sociale pour 2018 (article 54). Ce cadre a été élargi en 2016 à la téléconsultation et à la téléexpertise, pour tous les patients en ALD (Affection de Longue Durée) ou résidant en structures médico-sociales, et à partir de 2017 l'expérimentation a été étendue à tout le territoire.

L'année 2018 est celle du vrai démarrage de la télémédecine en France. La signature, en juin 2018, de l'avenant n° 6 à la convention médicale de 2016 entre l'Assurance maladie et les syndicats de médecins a mis fin à une dizaine d'années d'expérimentations et a entériné le remboursement de la téléconsultation par l'assurance maladie à partir du 15 septembre 2018 et celui de la téléexpertise à partir du 10 février 2019.

Avec la loi "Ma Santé 2022"[6] le télésoin vient compléter la télémédecine dans la nouvelle organisation des professionnels de santé au sein d'un territoire de santé numérique.

C'est probablement l'innovation la plus attendue des professionnels de santé non médicaux. Le télésoin, après la télémédecine, va contribuer à façonner une nouvelle organisation des soins à distance au sein d'un territoire de santé numérique. Cette loi réunit la télémédecine et le télésoin sous l'appellation "télésanté". Cette activité devrait concerner en priorité les pharmaciens et les infirmiers, dans les mêmes conditions que la télémédecine c'est-à-dire avec des patients connus d'eux. Les pratiques du télésoin vont également intégrer l'usage des services de la e-santé (objets connectés, applis mobiles, etc.).

Parmi les dix chantiers du plan Ma santé 2022, le numérique en santé doit relever d'immenses défis présentés le 25 avril 2019 dans la feuille de route qui fixe les grandes orientations de la politique du numérique en santé.

1.2. Pourquoi de telles lenteurs ?

Si les premiers pas de la télémédecine ont enthousiasmé quelques médecins, sa diffusion à l'ensemble du corps médical a été décevante. Everett ROGER, père de la théorie de la diffusion des innovations a montré que 15 % de la population faisait partie des innovateurs et des

[5] Alsace, Basse-Normandie, Bourgogne, Centre, Haute-Normandie, Languedoc-Roussillon, Martinique, Pays de la Loire et Picardie.

[6] Adoptée le 24 juillet 2019

premiers adeptes (ROGER, 1995)[7]. Le corps médical n'échappe pas à ce constat.

En 2013 un rapport de la HAS (HAS, 2013) relatif à l'état des lieux des projets pilotes de télémédecine conduits au cours des dix dernières années, révèle que la grande majorité d'entre eux reste au stade très expérimental et que très peu ont fait l'objet d'une évaluation médico-économique. Les difficultés de mise en place des dispositifs de télémédecine présentés sont multiples : faiblesse dans le portage des projets, manque de structuration organisationnelle, manque d'implication des médecins généralistes et des spécialistes libéraux, freins de nature financière liés à la valorisation de ces actes, problèmes de clarification des responsabilités des professionnels engagés, craintes des patients…

Les magistrats de la Cour des Comptes ont consacré un chapitre de leur rapport 2018 (COUR DES COMPTES, 2018)[8] aux services publics numériques en santé dans lequel ils attirent l'attention sur les lenteurs de la messagerie sécurisée de santé, sur le manque d'interopérabilité des systèmes et sur le faible déploiement du dossier médical partagé (DMP)[9], préalables indispensables au développement de la télémédecine.

On peut identifier plusieurs causes des retards :

- Des raisons technologiques. C'est la mauvaise couverture numérique du territoire qui est le plus souvent citée : 11 millions de citoyens n'ont pas accès à des connexions de qualité, les privant ainsi de l'hospitalisation à domicile et des services de téléassistance. Sont également invoqués le manque d'interopérabilité entre les systèmes, l'absence d'identifiant national de santé unique, une protection insuffisante des données, le retard dans la généralisation du DMP…
- Des raisons juridiques et techniques avec l'absence totale de dématérialisation des prescriptions médicales, préalable légal à la télémédecine en permettant la traçabilité des soins, les incertitudes sur les responsabilités des acteurs (médecins, opérateurs, industriels...)
- Des raisons politiques, les pouvoirs publics ayant privilégié la mise en œuvre d'actions expérimentales, plutôt qu'une reconnaissance officielle du dispositif. On peut ajouter un manque de continuité dans les actions avec, par exemple, l'abandon en 2012 du plan national de

[7] Everett ROGER, Diffusion of Innovations, New York: Free Press.1995

[8] Cour des Comptes, rapport public annuel 2018, tome 2 : Les services publics numériques en santé. Cour des comptes, Rapport sur l'application des lois de financement de la sécurité sociale pour 2017, chapitre VII, La télémédecine : une stratégie cohérente à mettre en œuvre, p.295-330

[9] Instauré par la loi du 13 août 2004 relative à l'assurance maladie, le DMP qui était alors le "dossier médical personnel" devait permettre la collecte sécurisée des données de santé individuelles des patients et des traitements et soins qui leur sont prodigués. Il devait être déployé sur tout le territoire en 2007 !

déploiement de la télémédecine présenté en 2011 par le ministère de la santé.

- Des raisons économiques, avec l'absence d'un modèle tarifaire pérenne pour les actes de télémédecine. La question du financement, à la fois son volume et sa pérennité, est toujours vitale, quel que soit le projet. La télémédecine n'y échappe pas (SALIBA et autres, 2012).[10]

- Des raisons liées au manque d'information des médecins et du grand public, à la maîtrise insuffisante de l'outil informatique, à la crainte d'une déshumanisation de la médecine…

La France n'est pas le seul pays pour lequel des obstacles ont empêché un développement rapide de la télémédecine. Une méta-analyse (SCOTT KRUSE and alii, 2018) publiée en 2018 a recensé 467 articles en langue anglaise traitant de ce sujet et a retenu 30 études. 40 % venaient des Etats-Unis, 33 % de l'Europe, 10 % de l'Australie, 9 % de l'Afrique, 6 % du Moyen-Orient, 3 % de l'Inde. Aucune étude ne concernait la France. 33 obstacles au développement de la télémédecine étaient cités plus de 100 fois dans les 30 articles recensés. Les barrières de nature organisationnelle arrivaient en tête et représentaient 37 % des obstacles. Il s'agissait, dans un ordre de fréquence décroissant, de problèmes liés au coût et au remboursement des pratiques de télémédecine, à des questions de responsabilité juridique (DIANE, 2016 ; WILLIATE-PELLITERI, 2013), à la protection de la vie privée, à la confidentialité et à la sécurité des données de santé à caractère personnel, à l'efficacité et au déroulement des opérations, au contexte rural, à la taille de la structure, à l'enseignement ... Les obstacles identifiés par les professionnels de santé et les programmeurs informatiques des services de télémédecine, le plus souvent l'insuffisance en personnel qualifié et la résistance au changement, représentaient 34 % des obstacles cités.

D'autres travaux, de nature économique ou sociologique, offrent des explications plus globales de ces lenteurs. Ainsi Amandine RAULY (RAULY, 2013 et 2016 ; RAULY, GALLOIS, 2016 ; DOMIN, RAULY, 2019) a mis en évidence deux grandes tendances pour le déploiement de la télémédecine, l'une préconise une réorganisation profonde du mode de rémunération et du système de santé afin de réduire l'asymétrie d'information entre les acteurs du système, l'autre propose de mettre en

[10] Dans une étude sur les expériences de télémédecine transfrontalières concernant 76 pays, menée par une équipe britannique et estonienne, 4 facteurs qui entravent ou soutiennent la mise en œuvre des projets ont été identifiés : les facteurs juridiques, les facteurs de durabilité, les facteurs culturels et les facteurs contextuels. Parmi les facteurs de durabilité les financements et les coûts sont essentiels, et dans les facteurs contextuels ce sont les ressources. SALIBA, V., LEGIDO-QUIGLEY, H., HALLIK, R., AAVIKSOO, A., CAR, J. & McKEE, M. (2012), "Telemedicine across borders: A systematic review of factors that hinder or support implementation", International Journal of Medical Informatics, Vol. 81, p.793-809.

application des réformes limitées afin de ne pas troubler les médecins par rapport à l'image qu'ils ont de leur profession. Partant de la théorie des conventions elle montre, avec plusieurs auteurs (RAULY, GALLOIS, 2016), que la question principale est le lien entre les outils technologiques permettant le déploiement de la télémédecine et la crainte d'un système d'information aboutissant à une normalisation et une standardisation de l'activité médicale. Il y a alors confrontation entre une convention industrielle fondée sur la standardisation et le contrôle et une convention professionnelle fondée sur l'autonomie et la confiance.

Partant du décalage important qui existe entre les espérances de ceux qui se lancent dans un nouveau projet et les résultats décevants auxquels ils aboutissent, d'autres chercheurs formulent l'hypothèse d'une « économie de promesse ». Dans un ouvrage où elle retrace la manière dont les pratiques de soins de santé ont été transformées par les technologies de télésoins introduites aux États-Unis, au Canada et en Europe, Nelly OUDSHOON (OUDSHOON, 2011) s'interroge sur les promesses des nouvelles technologies, promesses sans lesquelles elles ne peuvent pas exister. La télémédecine n'échappe pas à cette règle, car elle participe à « l'économie des promesses scientifiques », concept élaboré par Pierre-Benoit JOLY, Arie RIP et Michel CALLON entre 2007 et 2010 (RIP, JOLY, CALLON, 2010) et précisé par P.B JOLY en 2015 (JOLY, 2015). Il explique que « ce qui est essentiel pour les promesses technoscientifiques, c'est l'instauration d'une relation, la création d'un horizon d'attente [...] elles permettent aux acteurs de l'innovation de légitimer leurs projets, de mobiliser des ressources et de stabiliser leur environnement »[11].

1.3. Comment faire pour favoriser le developpement de la telemedecine ?

Une des conditions de la réussite d'un projet est la confiance entre les acteurs. Celle-ci semble être d'autant plus forte qu'il existe une coopération entre ces derniers. C'est le cas au sein des maisons de santé pluridisciplinaires (MSP) et des communautés professionnelles et territoriales de santé (CPTS) qui vont se développer. L'arrêté approuvant l'accord conventionnel relatif au déploiement des CPTS[12] indique qu'elles

[11] Op.cit. page 4

[12] Arrêté du 21 août 2019 portant approbation de l'accord conventionnel interprofessionnel en faveur du développement de l'exercice coordonné et du déploiement des communautés professionnelles territoriales de santé signé le 20 juin 2019. Journal officiel, 24 août 2019.

seront incitées à « développer le recours à la télésanté (télémédecine et télésoin) »[13].

Dans les MSP, les besoins de coordination internes entre les différents professionnels et les besoins de coordination externes entre tous les acteurs du territoire favorisent le développement de la télémédecine. C'est ce que révèle l'étude menée par Johanna Habib et autres auprès de 475 MSP augmentée d'entretiens auprès de 22 pilotes de structures (HABIB,2019). Les résultats montrent que plus une MSP a de relations partenariales, plus elle tend à développer des pratiques de télémédecine. Celle-ci est intégrée comme faisant partie des nouvelles formes d'organisation de l'offre de soins et de coopération entre les structures. Les besoins de coordination externe sur le territoire de soins sont plus déterminants pour la mise en œuvre de la télémédecine que la maturité technologique et structurelle ou les opportunités de financement.

Des outils simples que presque chaque adulte possède comme un smartphone et le recours à des applications gratuites et faciles à utiliser peuvent-ils contribuer au développement de la télémédecine ? C'est une hypothèse retenue par certains chercheurs qui considèrent que les porteurs de projets de télémédecine n'ont pas anticipé la généralisation de l'usage des smartphones et le développement de systèmes de téléconférence ou d'échange vidéo en direct tels que Skype, Messenger et WhatsApp, qui ont démocratisé les processus d'échanges et rendu les prix totalement accessibles (ALLAERT, 2018).

2. LA TELEMEDECINE EN ACTES

2.1. La télémedecine et les médecins : une organisation et des modes de rémunération qui evoluent

Avec l'entrée en vigueur de l'avenant 6 à la convention médicale, le remboursement par l'Assurance Maladie des actes de téléconsultation est généralisé en septembre 2018, et ceux de téléexpertise, en février 2019. C'est la fin de 10 ans d'expérimentations et l'entrée de la télémédecine dans le cadre général de l'Assurance maladie.

---

[13] « Les partenaires conventionnels s'accordent pour reconnaitre que la télémédecine constitue un nouveau mode d'organisation utile pour améliorer l'accès aux soins de certains patients rencontrant des problèmes de mobilité. A terme, le télésoin pourra également constituer une réponse à ce besoin.
Afin de répondre à ces défis d'organisation des soins, les parties signataires s'entendent pour contribuer au développement de la télémédecine sur l'ensemble du territoire et au profit de tous les patients. Les communautés professionnelles territoriales peuvent constituer un des leviers en faveur du développement de ce nouveau mode d'organisation ». Article 5.1.1. alinéa 3

Les actes de téléconsultation sont valorisés dans les mêmes conditions que les consultations dites "en présentiel". Pour ceux de la téléexpertise, deux niveaux sont distingués. Au niveau 1, l'avis est donné sans étude approfondie d'une situation médicale. La rémunération du médecin requis est fixée à 12 € par téléexpertise, dans la limite de 4 actes par an, par médecin et pour un même patient. Au niveau 2 l'avis est donné après une étude approfondie. La rémunération est de 20 €, dans la limite de deux actes par an, par médecin, pour un même patient.

Le médecin requérant percevra quant à lui un forfait de 5 € par téléexpertise de niveau 1 et de 10 € par téléexpertise de niveau 2, avec un maximum de 500 € par an pour l'ensemble des téléconsultations requises, quel que soit leur niveau.

Du fait des mesures financières peu incitatives créant des réticences à s'engager, la ministre de la santé s'appuyant sur le rapport Aubert, a annoncé une fin progressive du paiement à l'acte pour les maladies chroniques. Plusieurs solutions sont envisagées comme le paiement au suivi, le paiement à la qualité/à la pertinence[14], le paiement à la séquence de soins[15]...

La télémédecine ne peut pas être la source principale de revenu du médecin. C'est une autre forme de pratique. L'Assurance maladie s'engage avec prudence dans la télémédecine. La télémédecine ne génère pas seulement un revenu monétaire, mais elle est aussi un gain de temps. La plupart des plateformes utilisent cet argument et des startup vont plus loin en proposant au patient de remplir un questionnaire détaillé, élaboré avec des médecins, avant d'entrer en contact pour la consultation[16].

Mais ceux qui choisissent la télémédecine justifient leur choix par la liberté que procure ce mode d'exercice. Le médecin peut gérer ses rendez-vous et téléconsulter ses patients en ligne quand il le souhaite, depuis son cabinet ou de chez lui par visioconférence.

Certains craignent que ces pratiques entraînent une déshumanisation de la médecine. Cette crainte dépasse largement le cadre de la santé. Les achats en ligne ont pour conséquence la disparition des petits commerces et aujourd'hui les grandes surfaces souffrent de la concurrence d'Amazon, Alibaba... La télémédecine serait-elle un cheval de Troie avec lequel les GAFA pénétreraient le monde de la santé (MENIVAL, MICHEL, 2109) ?

---

14 La mission AUBERT plaide pour la prise en compte de la qualité ressentie par les patients, via les résultats rapportés : Prom's (Patient-reported outcomes measures) et Prem's (Patient-reported experience measures).

15 C'est le "paiement groupé" (bundled payment) des anglo-saxons.

16 Follow Health, une startup rennaise qui offre une solution logicielle d'aide à la préparation de la consultation médicale, a finalisé en juin 2018, une première levée de 1 million d'euros.

Le risque est de voir se développer des plateformes de consultations et émerger le concept de santé digitale ou santé numérique où les relations face à face sont remplacées par une communication virtuelle (VALLENCIEN, 2015). Les données proviennent des dispositifs connectés et du dossier patient. Elles sont analysées avec l'assistance d'un algorithme d'aide à la décision et les recommandations sont envoyées au patient par SMS, e-mail ou appel téléphonique. L'équipe soignante est ainsi capable de vérifier le respect des recommandations par le patient et d'évaluer les résultats cliniques.

Proche de la crainte de la déshumanisation, se profile celle de l'ubérisation de la santé (THEBAUT, 2017 ; DURUP, BOUCHY, CHRISTOPHE, 2016). Dès le 10 février 2016 le Conseil national de l'Ordre des médecins réagissait à ce qu'il considérait comme une menace en publiant son avis sur "l'ubérisation" des prestations médicales.

Parmi les 1500 médecins qui pratiquent la téléconsultation avec Doctolib, 55 % sont des médecins généralistes, 15 % des gynécologues, 7 % des chirurgiens, 7 % des pédiatres, 4 % des psychiatres, 2 % des endocrinologues et 2 % des cardiologues…[17]

Ils lui trouvent plusieurs avantages :

– Elle leur apporte plus de confort et de flexibilité dans leur travail : grâce à la téléconsultation, ils peuvent consulter leurs patients où et quand ils le souhaitent, par exemple depuis chez eux, de manière totalement sécurisée ;

– Elle leur permet d'être rémunérés pour les conseils médicaux et l'accompagnement qu'ils apportent gratuitement à leurs patients, le plus souvent en dehors de leurs horaires de consultation ;

– Elle représente un nouveau service pour leurs patients, très sensibles aux solutions qui facilitent l'accès aux soins et renforcent la proximité avec leurs praticiens.

L'avenant signé le 29 mars 2019 par l'Union nationale des caisses d'assurance maladie (Uncam), la Fédération nationale des infirmiers (FNI) et le Syndicat national des infirmières et des infirmiers libéraux (Sniil), reconnait le rôle grandissant joué par ces soignants et valorise les nouveaux modes d'organisation et l'usage des outils numériques, en particulier dans la réalisation d'actes de téléconsultation avec la création au 1er janvier 2020, d'un acte d'accompagnement du patient à la téléconsultation.

[17]https://www.caducee.net/actualite-medicale/14508/2-teleconsultations-sur-3-sont-realisees-via-doctolib.html

2.2. La télémedecine et le patient

- Une réponse aux déserts médicaux (VERGIER, CHAPUT, LEFEBRE-HOANG, 2017 ; DURUPT, BOUCHY, et *al*, 2016 ; MEYER, PARE, TRUDEL, 2014) ?

L'étude de Johanna Habib citée précédemment montre que 66.7 % des projets de télémédecine sont engagés par des MSP situées sur une zone caractérisée par un manque d'expertise médicale. À l'inverse, lorsque ce manque d'expertise est moins important, 77.1 % des MSP n'envisagent pas de développer un projet de télémédecine. Ces résultats semblent confirmer la littérature sur la télémédecine et soulignent la très forte influence de la densité médicale sur le territoire concerné dans l'émergence des pratiques de télémédecine.

Les zones déficitaires en offres de soins ne sont pas les seules à trouver un bénéfice à la télémédecine. C'est le cas également des zones difficiles d'accès, les territoires avec des habitats isolés, les zones rurales ou de montagne, les prisons... Plusieurs caractéristiques peuvent se superposer, en particulier une population âgée dans un désert médical ou dans une zone de montagne (BONTRON, 2013).

- Une prise en charge plus rapide et de meilleure qualité

Si la télémédecine peut faire gagner du temps au médecin, elle peut le faire d'une manière accrue pour le patient. Elle lui évite de longs déplacements et des attentes parfois très longues pour obtenir un rendez-vous. Ainsi, Doctolib constate que, grâce à un système de créneaux dédiés, les délais d'attente pour obtenir une téléconsultation sont de 2,9 jours en moyenne chez le médecin généraliste contre 6 jours en cabinet, de 7,2 jours chez le gynécologue contre 44 jours en cabinet, de 9,8 jours chez le dermatologue contre 61 jours en cabinet et de 3,6 jours chez le pédiatre contre 22 jours en cabinet (DRESS, 2018).

En supprimant la distance entre le patient et son médecin, la téléconsultation simplifie le suivi des pathologies chroniques et permet de réduire les venues aux urgences et les hospitalisations évitables (HOUDART-BRUNET, 2013 ; LAMOTHE et *al*, 2013).

3. LES FABRICANTS DE MATERIEL ET LES OFFREURS DE SERVICE

Plusieurs acteurs industriels prennent part au système de télésanté : les éditeurs de logiciel, les fabricants de matériel informatique, les fabricants de dispositifs médicaux, les fournisseurs de services à la personne, les fournisseurs de services de télésanté, les laboratoires pharmaceutiques, les opérateurs de télécommunications, les hébergeurs de données de santé....

3.1. Les plateformes et leur matériel

Une plateforme s'analyse en deux phases : sa construction, le « build » et son exploitation, le « run ». Les deux phases ne reposent pas sur le même modèle économique : dans la première phase les coûts sont ponctuels et peuvent être financés par des subventions, les coûts de la seconde sont récurrents et sont financés par l'usage (ASIP, 2019).

Sur les 21 plateformes régionales existantes en 2018, dix éditeurs appartiennent au groupe Maincare[18], trois à Inovelan[19] et deux à Acetiam[20]. On constate l'oligopolisation de ce marché où 3 opérateurs occupent 66 % des parts. C'est une situation caractéristique des marchés de plateformes qui s'applique aux plateformes de télémédecine. Intermédiaires entre l'offre et la demande de soins, elles sont des marchés bifaces (TIROLE,2016) (ROCHET, TIROLE, 2006), analysés par Jean TIROLE. Leur succès, mesuré par la plus grande part de marché, repose sur l'effet club des réseaux (CURIEN, 2005) : plus la plateforme agrège de soignants plus elle attire de patients, ce qui engendre des situations de monopole et la plateforme qui propose le plus grand nombre de médecins devient incontournable.

Les contraintes imposées par le législateur limitant le remboursement maximal des soins aux seuls patients inscrits dans un parcours de soins incitent les assureurs et les mutuelles à créer leurs propres services de télémédecine à l'image d'Axa qui a lancé dès 2015 un service de téléconsultation avec Bonjourdocteur et qui soutient la plateforme Qare… En 2017 MNH GROUP a créé Acetiam en fusionnant ETIAM et d'Accelis dans lesquelles il avait pris une participation majoritaire. La même année le groupe mutualiste VYV a acquis MesDocteurs et l'a proposé aux adhérents d'Harmonie Mutuelle en 2018, le service a été généralisé progressivement dans le groupe avec l'objectif d'atteindre 2 millions de téléconsultations à horizon 2020. MédecinDirect est associé à plusieurs organismes complémentaires dont Groupama et Viasanté ; Bien-Être Assistance est une filiale née de l'alliance stratégique entre Malakoff Médéric et Europ Assistance France.

Le mouvement de concentration dans le secteur de la télésanté ne fait que commencer. Les leaders mondiaux vont chercher à pénétrer le marché français comme l'a fait Teladoc Health, déjà présent dans 130

[18] Situé à Canéjan (près de Bordeaux), Maincare Solutions est le leader de la e-Santé en France. Né en 1999 ce groupe a acquis en 2016, IDO-in développeur de plateformes régionales de télémédecine. Il souhaite accélérer l'usage de la télémédecine avec son offre Covalia.

[19] Premier éditeur de logiciels spécialisés à obtenir en juillet 2016 la certification « Qualité Hôpital numérique », Inovelan a été racheté en avril 2018 par Agfa HealthCare.

[20] ACETIAM appartient à MNH Group, la mutuelle des hospitaliers.

pays. Livi, du groupe suédois Kry, présent en Espagne, en Norvège et en Angleterre, est entré sur le marché français en septembre 2018.

En revanche, ils sont plusieurs dizaines de fabricants de matériel à être présents sans qu'aucun n'occupe de position dominante. Etablir leur liste, estimer leurs parts de marché respectives, analyser leurs stratégies sortirait du cadre de cet article.

Deux produits, les chariots de télémédecine et les mallettes de télémédecine sont à la base de la construction d'une plateforme de télémédecine. Un chariot coûte environ 30 000 € à l'achat et environ 1000 € par mois en location et une valise coûte environ 3 000 €. Un médecin qui exerce seul ne peut pas financer un tel achat, ce qui explique le développement de la télésanté dans les établissements et les structures d'exercice de groupe.

Le marché français de la télémédecine est naissant et son volume réduit comparé au marché américain : 271 millions d'euros en 2017 contre 2, 3 milliards (source Statista). C'est un marché de startup comme H4D avec sa Consult Station, équipée de tensiomètres, stéthoscopes, ou Parsys Télémédecine qui propose des stations, des chariots, des valises…

3.2. Les offreurs de services

- De la prise de rendez-vous à la téléconsultation

Le succès de Zocdoc, site de prise de rendez-vous auprès des médecins aux Etats-Unis, incite un certain nombre d'opérateurs à se lancer sur ce marché en France dès 2005. Ainsi se crée AlloDocteur, puis en 2006 GPS Santé et en 2008 Pages Jaunes Doc et Rendez vous facile puis en 2009 RDV Med.

Mais aucun de ces sites ne décolle et il faut attendre l'année 2013 pour que ce marché sorte de la confidentialité et commence à se développer. En 2012 la Mutuelle nationale des Hospitaliers (MNH) crée KelDoc puis en 2013, Doctolib, Docavenue (CEGEDIM) et Mondocteur (groupe Lagardère) voient le jour. En 2014, Docteur rendez-vous, Made For Med, RDV médicaux (Vivendi) entrent sur le marché et en 2015 RDV santé. A la fin de l'année 2016, à l'occasion d'une enquête réalisée par l'Union régionale des médecins libéraux d'Ile de France, on dénombre 15 solutions de prise de rendez-vous. En 2017 un nouvel opérateur intervient sur le marché : Qare.

En octobre 2018, France Assos Santé publie une enquête (FRANCE ASSOS, 2018) réalisée auprès des 15 acteurs afin d'évaluer leur intérêt pour les patients. Sur les 8 plateformes qui ont répondu, seules 4 offrent un service acceptable, Allodocteur, Docavenue, Doctolib et KelDoc mais déjà, une d'entre elles se détache largement, Doctolib.

L'année 2018 conforte la position dominante de Doctolib avec son rachat de Mondocteur au groupe Lagardère. En septembre 2019 la société emploie plus de 1000 personnes, équipe 2000 établissements ; 40

millions de patients utilisent chaque mois ses services et 150 000 professionnels et établissements lui font confiance. C'est la situation classique sur un marché émergent : au démarrage le nombre des offreurs croit fortement, entrainant ou accompagnant l'augmentation de la demande puis une régulation s'opère, le plus souvent par des rachats ou des fusions d'entreprises.

L'ouverture du marché de la téléconsultation a donné confiance aux investisseurs et ainsi, en mars 2019, Doctolib a pu lever 150 millions d'euros auprès de ses investisseurs historiques (Bpifrance, Eurazeo, Kernel et Accel…) mais aussi auprès du fonds d'investissement General Atlantic et auprès d'industriels et médecins allemands. Cette levée de fonds a conduit Doctolib à être valorisée à plus d'1 milliard d'euros faisant entrer cette entreprise dans le club très fermé des « Licornes ». Qare a, de son côté, annoncé en avril 2019 avoir levé 20 millions d'euros auprès de Kamet Ventures, le fonds d'investissement de l'assureur AXA, qui devient son actionnaire majoritaire.

- Un démarrage plus lent que prévu mais une forte croissance potentielle

En un an, de la mi-septembre 2018 à la mi-septembre 2019, seulement 60 000 téléconsultations ont été remboursées. Doctolib en a assuré à lui seul les deux tiers. Les 40 000 téléconsultations qu'il a réalisées restent faibles par rapport aux 150 millions de rendez-vous médicaux pris sur Doctolib depuis janvier. Ces chiffres sont loin des prévisions du gouvernement qui espérait 500 000 actes en 2019, 1 million en 2020 et 1,3 million en 2021. Ces chiffres sont-ils trop ambitieux ? Sans doute, car même après un démarrage lent et un rythme qui s'accélère et dépasse les 10 000 téléconsultations mensuelles depuis aout 2019, on est loin des 40 000 consultations mensuelles nécessaires pour atteindre les objectifs gouvernementaux pour 2019.

La téléconsultation à ses débuts a été limitée aux médecins dans le cadre du parcours de soins. Hors parcours, elle a été ouverte dans le cadre des CPTS en avril 2019. L'arrêté validant l'avenant 15 de la Convention nationale pharmaceutique permettant l'accès à la téléconsultation en officine pharmaceutique, signé le 8 décembre 2018, n'a été publié au Journal Officiel que le 6 septembre 2019. Ce n'est qu'en 2020, voire au-delà, que la téléconsultation prise en charge connaitra son plein développement.

Les contraintes posées par l'Assurance maladie font que la télémédecine dans son organisation actuelle n'est pas proche de la vie réelle des patients. Elle oppose des demandeurs « agiles » à des offreurs englués dans les lourdeurs de l'assurance maladie liées à la nomenclature et la tarification. Les jeunes générations sont habituées à des accès très fluides aux services via leurs smartphones et on peut penser qu'elles voudront y avoir recours pour leur santé. La téléconsultation en situation

« ordinaire » (grippe, gastro, fièvre du nourrisson…) répond tout à fait à ce besoin de réactivité et de service au plus près. Ce n'est pas encore le cas s'il faut échanger des documents médicaux (photos, radiographies, etc.).

Pourra-t-on parler de médecine à deux vitesses ? Oui, si l'on compare une population « connectée » avec une autre qui ne l'est pas.[21] Oui, si on compare ceux qui peuvent payer un accès rapide et une réponse rapide à un problème de santé. C'est déjà ce qui se passe lorsque pour obtenir un rendez-vous rapide à l'hôpital il faut le prendre en secteur privé. Les pratiques de consommation évoluent très rapidement. Lorsqu'une demande existe, elle fait souvent exploser l'offre. Les smartphones et les tablettes sont devenus un objet du quotidien pour une partie importante de la population. Leur usage peut même devenir addictif. Leur utilisation pour les besoins de santé, de bien-être physique, mental et social, va nécessairement exploser. Les frontières entre bien-être, soins, prévention, éducation, conseils seront de plus en plus perméables… Et dans les années 2030, pour reprendre les analyses du Professeur Stephen K. KLASKO (KLASKO, 2016), président de l'Université Thomas JEFFERSON de Philadelphie, le système de santé aura été totalement transformé par le numérique, les mots e-santé, télémédecine auront disparu et on ne parlera que de santé et de médecine. Alors, plus qu'une évolution dans les usages on verra une révolution pour le système de santé.

ADDENDUM

Du fait de l'épidémie liée au coronavirus, les téléconsultations ou consultations à distance avec un médecin viennent de voir leurs conditions d'exercice aménagées jusqu'au 31 mai 2020 afin de limiter le nombre de contaminations. Deux décrets du 9 mars et du 19 mars 2020 précisent ces mesures sur la télémédecine. Ainsi l'article 8 de l'arrêté du 23 mars que « les professionnels de santé assurant la prise en charge par télésanté des patients suspectés d'infection ou reconnus covid-19 recourent à des outils numériques respectant la politique générale de sécurité des systèmes d'information en santé et la réglementation relative à l'hébergement des données de santé ou, pour faire face à la crise sanitaire, à tout autre outil numérique. » Les patients peuvent donc passer par une plateforme spécialisée, mais aussi utiliser FaceTime, WhatsApp, Skype…

Le 1er avril 2020 le ministère de la santé recensait 186 solutions numériques de télémédecine consultables sur le site :https://solidarites-sante.gouv.fr/IMG/pdf/editeurs_solutions_de_telemedecine.pdf

---

[21] Cette plateforme a été rachetée au début de l'année 2019 par Teladoc Health, leader mondial de la médecine à distance.

Le confinement a entrainé une explosion du nombre des téléconsultations. Doctolib, à la fin mars 2020, revendique 30.000 médecins libéraux utilisateurs du service contre 3.500 il y a un mois, mais aussi 1.200 praticiens à l'hôpital contre 0 avant la crise. La plateforme effectue 100.000 téléconsultations par jour, soit cent fois plus qu'avant l'épidémie. En Haute-Vienne, de 9 téléconsultations chez les médecins généralistes enregistrées par la CPAM 87 la première semaine de mars, on est passé à 3.200 la semaine du 16 mars quand le confinement a commencé et a plus de 5.300 la semaine du 23 mars. L'habitude ayant été prise, la téléconsultation va rapidement devenir un acte banal.

BIBLIOGRAPHIE

ALLAERT, F. A., QUANTIN, C., 2018, Les applications sur smartphones permettront-elles une généralisation de la télémédecine ? *Journal de gestion et d'économie médicales*, vol. 36, pp. 145 -151.

ASIP Santé, 2019, Etude pour l'accompagnement du déploiement de la télémédecine - Etat des lieux de l'offre de services et des plateformes régionales de télémédecine.

BASHSHUR, R. L. and SHANNON, G.W, 2009, History of Telemedicine - Evolution, Context, and Transformation, Mary Ann Liebert.

BEUSCART, R., 2000, Rapport sur les enjeux de la Société de l'Information dans le domaine de la Santé, Rapport au premier ministre, Paris.

BILI, A-B, 2012, La place de la télémédecine à domicile dans l'organisation du système de santé en France, Thèse de doctorat en Sociologie, Université de Rennes 2.

BLONDEL, C., 2010, La reconnaissance de l'électricité médicale et ses « machines à guérir » par les scientifiques français (1880-1930), Annales historiques de l'électricité, no. 8, pp 37 -51.

BONTRON, J-C., 2013, L'accès aux soins des personnes âgées en milieu rural : problématiques et expériences, *Gérontologie et société*, vol. 36, no 146, pp. 153-171.

COUR DES COMPTES, 2018, Rapport public annuel, tome 2 : Les services publics numériques en santé. Paris.

COUR DES COMPTES, Rapport sur l'application des lois de financement de la sécurité sociale pour 2017, chapitre VII, La télémédecine : une stratégie cohérente à mettre en œuvre, Paris, pp. 295-330.

CURIEN, N., Les réseaux comme clubs de consommation, Économie des réseaux, La Découverte, Paris, pp. 19-38.

DA SILVA, N., RAULY, A., 2014, Le difficile déploiement de la télémédecine : une lecture par l'Économie des conventions, in LAMOTTE, B., LE ROY, A., MASSIT, C., PUISSANT, E., Innovations

sociales, innovations économiques, XXXIVes journées de l'Association d'économie sociale, Presses Universitaires de Louvain, pp.145-162.
DESBOIS, D., 2018, « La télémédecine, un instrument susceptible de corriger les inégalités de santé ? », Terminal. https://journals.openedition.org/terminal/2232
DEVELAY, A-E., VERDOT, C et GREMY, I., 2015, Surveillance de la santé des personnes détenues en France : faisabilité et recommandations, *Santé Publique*, vol. 27.
DIANE, A., 2016, Télémédecine et responsabilités juridiques, file : ///D:/Mes_docs/Downloads/Tlmdecineetresponsabilitsjuridiques .pdf
DOMIN, J-P., RAULY, A., 2019, « Téléconsultation médicale : les enjeux d'un nouveau marché pour les organismes complémentaires d'assurance maladie », *RECMA*, no 352, pp 26 - 41.
DURUPT, M., BOUCHY, O et CHRISTOPHE, S., 2016, La télémédecine en zones rurales : représentations et expériences de médecins généralistes, *Santé Publique*, vol. 28, pp487 – 497.
EIKELBOOM, R., 2012, The telegraph and the beginnings of telemedicine in Australia. In Global Telehealth, pp. 67-72, Amsterdam: IOS Press. https://doi.org/10.3233/978-1-61499-152-6-67
FRANCE ASSOS SANTE, 2018, « Dossier Prise de RDV en ligne » – Quelle plateforme privilégier ?
https://www.france-assos-sante.org/2018/10/10/dossier-prise-de-rdv-en-ligne-la-prise-de-rendez-vous-en-ligne-et-apres/
GAGLIO, G et MATHIEU-FRITZ, A., 2018, Les pratiques médicales et soignantes à distance - La télémédecine en actes, *Réseaux*, no 207, pp. 9-24. La Découverte.
GALLOIS, F., RAULY, A., 2015, Télémédecine et comparaison des systèmes de santé : questionnements méthodologiques, Colloque international Recherche & Régulation, Paris.
GALLOIS, F., RAULY, A., 2016, De la caractérisation à la comparaison des systèmes de télémédecine : implications méthodologiques, *Journal de gestion et d'économie médicales*, vol. 34, no 1, pp. 87 – 105.
GRIMALDI, A., 2019, La télémédecine va-t-elle bouleverser la relation médecin-malade ? Point de vue, *Les Tribunes de la santé*, no 60, pp. 81-85.
HABIB, J., YATIM, F et SEBAI, J., 2019, Analyse des facteurs influençant l'émergence des pratiques de télémédecine : le cas des Maisons de Santé en France, *Systèmes d'information & management*, Volume 24, pp. 47 - 85
HAS, 2013, Efficience de la télémédecine : état des lieux de la littérature internationale et cadre d'évaluation, Rapport d'évaluation médico-économique. pp. 1 -152, Paris.
HAS, 2016, Référentiel de bonnes pratiques sur les applications et les objets connectés en santé (Mobile Health ou mHealth), Évaluation et amélioration des pratiques, pp. 1 – 59.

HOUDARD-BRUNET, S., 2014, Le suivi des patients greffés rénaux par télémédecine : étude de leurs préférences individuelles par la méthode des choix discrets. Thèse de Doctorat en médecine, Université de Nantes.
JOLY, P.B., RIP, A., CALLON, M., 2010, Reinventing innovation, in Governance of innovation, Edited by ARENTSEN M. J., van ROSSUM W. and STEENGE A.E. (eds) Ed. Edward Elgar, pp. 19 – 32.
JOLY, P.B., 2015, Le régime des promesses technoscientifiques. In AUDETAT Marc. Sciences et technologies émergentes : Pourquoi tant de promesses, Hermann, Paris, pp.31-48.
K. KLASKO Stephen, 2016, Healthcare Transformation: The Future of telemedicine, Telemedicine & E-health, vol 22, no 2.
LAMOTHE, L., PAQUETTE, M-A et FORTIN, J-P., 2013, L'utilisation des télésoins à domicile pour un meilleur suivi des maladies chroniques, *Santé Publique*, vol. 25, pp. 203 – 211.
MATERRE, A., 2016, Histoire de l'électrocardiographie - De la découverte de l'électrophysiologie à l'électrocardiographie moderne, Thèse de doctorat en médecine, Limoges.
MENIVAL, S et MICHEL, R., 2019, Scénario 3 – La santé : un marché ouvert et prometteur pour les GAFAM et les BATX, Horizons publics, Hors-série printemps, pp. 13-15.
MEYER, J., PARE, G et TRUDEL, M-C., 2014, Télémédecine et accessibilité aux soins de santé spécialisés en régions éloignées, *Gestion*, vol. 39, pp. 29-37.
MILLIEN, C., CHAPUT, H., CAVILLON, M., 2018, La moitié des rendez-vous sont obtenus en 2 jours chez le généraliste, Etudes & Résultats, no 1084, DREES, Paris.
NYS, J-F., 2015, Expert et profane, le point de vue d'un économiste, in Profanes, soignants et santé mentale : quelle ingérence ? HAZIF-THOMAS, C et HANON, C. (dir.), Doin éditeurs, pp. 153 – 182.
OMS, 1997, A health telematics policy in support of WHO's Health-For-All strategy for global health development, Report of the WHO group consultation on health telematics. Geneva.
OUDSHOORN, N., 2011, Promises, Scenarios and Silences in Telecare technologies and the transformation of Healthcare, Palgrave MacMillan, pp. 35-67.
RAULY, A., 2016, Gouverner la télémédecine. Analyse institutionnaliste d'une nouvelle pratique médicale, Thèse de doctorat en sciences économiques, Université de Reims.
RAULY, A., 2013, Dispositifs de rémunération de la télémédecine : de la diversité des propositions de contrats à la singularité du système de santé français, *Journal de gestion et d'économie médicales*, vol. 31, no. 7-8, pp. 473-486.

RAULY, A., GALLOIS, F., 2016, De la caractérisation à la comparaison des systèmes de télémédecine : implications méthodologiques, *Journal de gestion et d'économie médicales*, vol. 34, no. 1, pp. 87-105.
RAULY, A., GALLOIS, F., 2014, La télémédecine : une affaire de famille ? Réflexions à partir d'une approche systémique, in LAMOTTE, B., LE ROY, A., MASSIT, C., PUISSANT, E. (Eds), Innovations sociales, innovations économiques, XXXIVes journées de l'Association d'économie sociale, Presses Universitaires de Louvain, pp. 77-94.
ROGER, E., 1995, Diffusion of Innovations, Free Press, New York.
ROCHET, J.C et TIROLE, J., 2006, Two-Sided Markets: A Progress Report, *Rand Journal of Economics*, vol. 35, no 3, pp. 645-667.
SALIBA, V., LEGIDO-QUIGLEY, H., HALLIK, R., AAVIKSOO, A., CAR, J. & McKEE, M., 2012, Telemedicine across borders: A systematic review of factors that hinder or support implementation, *International Journal of Medical Informatics*, vol. 81, pp. 793-809.
SCOTT KRUSE, C., KAREM, P., SHIFFLET, K., VEGI, L., RAVI, K., BROOKS, M., 2018, Evaluating barriers to adopting telemedicine worldwide: A systematic review, *Journal of Telemedicine and Telecare*, vol. 24, no 1, pp. 4-12.
SIMON, P., 2017, Définitions et apports de la télémédecine pour la santé publique, Actualité et dossier en santé publique, adsp, no. 101, pp. 10-13.
SUAREZ, C., 2002, La télémédecine : quelle légitimité d'une innovation radicale pour les professionnels de santé ? Revue de l'IRES, no 39.
THEBAUT, J-F., 2017, Ubérisation de la médecine : menace ou opportunité ? *Les Tribunes de la santé*, no 54, pp. 85-92.
TIROLE, J., 2016, Quand le digital modifie la chaîne de la valeur in Economie du bien commun, PUF, pp. 507-537.
VALLANCIEN, G., 2015, La médecine sans médecin ? Le numérique au service du malade, Gallimard, Paris.
VERGIER, N., CHAPUT, H., LEFEBVRE-HOANG, I., 2017, Déserts médicaux : comment les définir ? Comment les mesurer ? Les Dossiers de la DRESS, no 17.
WILLIATE-PELLITERI, L., 2013, Télémédecine et responsabilités juridiques, European Research in Telemedicine / La Recherche Européenne en Télémédecine, vol. 2, no 1, pp. 17-22.
WORLD HEALTH ORGANISATION, 2005, eHealth, Report by the Secretariat, Fifty-eighth World Health Assembly.

LA GOUVERNANCE DE LA TELEMEDECINE FACE A L'ORGANISATION LIBERALE DES SOINS

Florence GALLOIS
REGARDS EA 6292
Université de Reims Champagne Ardenne
florence.gallois@univ-reims.com

Amandine RAULY
REGARDS EA 6292
Université de Reims Champagne Ardenne
amandine.rauly@univ-reims.com

RESUME

Cet article propose d'expliquer le faible développement de la télémédecine en médecine de ville à partir d'une enquête réalisée auprès de médecins libéraux. L'enquête dégage un résultat paradoxal : l'institutionnalisation de la télémédecine, supposée lever les freins à la pratique, semble responsable de son non-développement en médecine libérale. Les raisons fréquemment évoquées dans les débats publics au sujet du manque d'appétence des médecins pour l'outil technologique et des difficultés d'appropriation liées ne sont pas celles données par les médecins interrogés. En adoptant une démarche institutionnaliste, nous questionnons ainsi la pertinence du modèle organisationnel proposé par les instances de gouvernance de la télémédecine.

Mots-clés : Télémédecine, gouvernance, médecine libérale, institutionnalisation.

ABSTRACT

The French governance of telemedicine in front of private practice

With an institutionalist perspective, we question the organizational model and the forms of governance of telemedicine. Based on a survey of private practice physicians, this paper aims at explaining the few development of telemedicine within ambulatory medicine in private practice in France. Our survey point out a paradox that we explain. The main explanations advocated in public debates (technological barriers, acceptation problems) are not the explanations given by practitioners. While telemedicine's institutionalization is expected to lift barriers to the development of telemedicine, the survey suggests that this institutionalization is a barrier itself.

Keywords: Telemedicine ; governance ; institutionnalization ; physician ; private practice medicine.

JEL Codes : B50, I11, I18.

INTRODUCTION

La télémédecine est une pratique médicale réalisée à distance au moyen de technologies dédiées. Elle est supposée améliorer la qualité des soins, résoudre les problèmes de démographie médicale et d'inégalités territoriales de santé. Son développement est fortement encouragé depuis le milieu des années 1990, à l'international comme en France (OMS, 1997). Toutefois, alors que la pratique est routinière dans des nations comme le Danemark ou l'Écosse (Gallois et Rauly, 2019 ; Raposo, 2016 ; Kassianides et Seguy, 2011), elle se développe de façon morcelée en France. Pourtant, depuis 2009, un processus d'institutionnalisation[22] et une politique visant à soutenir le développement de la télémédecine, aussi bien en milieu hospitalier qu'en médecine de ville, ont été conduits. Depuis cette date, alors que la télémédecine se développe à l'hôpital, son appropriation par les médecins libéraux semble toute relative.

Cet article propose d'expliquer ce faible développement en médecine de ville à partir d'une enquête réalisée par nos soins auprès de médecins libéraux (Rauly, 2016). Il discute notamment d'un paradoxe que notre enquête établit : l'institutionnalisation de la télémédecine, supposée lever les freins à la pratique, semble responsable de son faible développement en médecine libérale.

Pour discuter de ce paradoxe, nous organisons notre propos de la façon suivante. La première partie revient sur le constat partagé par les différentes parties-prenantes d'un échec du développement de la télémédecine en France, en particulier au regard des attentes fortes exprimées par la puissance publique. La deuxième partie présente

[22] La loi portant réforme de l'hôpital et relative aux patients, à la santé et aux territoires (dite loi HPST) marque le point de départ de l'institutionnalisation de la télémédecine.

l'enquête mobilisée pour identifier les freins au développement et sa méthodologie. En présentant les résultats de l'enquête, la troisième partie relativise les arguments usuellement mobilisés dans les débats publics pour justifier le faible développement de la pratique. Cette partie établit que l'institutionnalisation de la télémédecine apparaît tout à la fois comme une barrière et un levier nécessaires à son développement. La quatrième partie en propose une interprétation qui repose sur l'identification d'un conflit entre deux formes de gouvernance de la télémédecine, la gouvernance interne (par les médecins et leurs représentants) et la gouvernance externe (par la puissance publique). La dernière partie discute les sources de blocage institutionnel que l'enquête a permis de documenter.

1. LE CONSTAT PARTAGE DE L'ECHEC DE DEVELOPPEMENT DE LA TELEMEDECINE

La télémédecine émerge en France dans les années 1990. Toutefois, il faut attendre 2009 pour que la pratique s'institutionnalise, c'est-à-dire que lui soit donné un cadre réglementaire dédié associé à la désignation d'acteurs de sa gouvernance au sein de la puissance publique. La loi 2009-879 du 21 juillet 2009 portant réforme de l'hôpital et relative aux patients, à la santé et aux territoires et le décret d'application qui suivra donnent à la pratique un cadre organisationnel et impulsent une stratégie nationale de développement. Suite à la mise en œuvre de cette stratégie, la puissance publique réalise deux grands recensements des projets de télémédecine et du nombre d'actes[23] réalisés afin d'en mesurer l'efficacité.

Le premier recensement date de la fin de l'année 2011, il comptabilise 256 projets (DGOS, 2011). Le recensement suivant a eu lieu en 2013 et a identifié 331 projets dont 169 sont opérationnels, c'est-à-dire prenant effectivement en charge des patients (DGOS, 2013). Si la mise en place de la stratégie de développement de la télémédecine en 2011 a dynamisé la création de projets (25 % des projets opérationnels ont été créés en 2012), cette dynamique est rapidement retombée les années suivantes. Par ailleurs, sur l'ensemble des projets opérationnels, 50 % existaient avant l'institutionnalisation de la pratique. Sur les 331 projets recensés en 2013, 22 % ne font pas partie des priorités nationales et moins d'un quart fait l'objet d'une contractualisation avec une Agence régionale de santé (ARS), prérequis pourtant nécessaire pour s'inscrire dans la stratégie nationale.

---

[23] Il est nécessaire de distinguer les actes des projets de télémédecine. Le décret n°2010-1229 du 19 octobre 2010 reconnaît cinq actes de télémédecine : la téléconsultation, la téléexpertise, la téléassistance médicale, la télésurveillance médicale et la régulation médicale du SAMU (centre d'appel du 15). Chaque projet de télémédecine peut mettre en œuvre plusieurs de ces actes dans des volumes différents.

Face à ce constat de faible développement, qualifié d'échec, la réponse de la puissance publique consiste à équiper le cadre institutionnel *via* des dispositifs réglementaires et législatifs. Il s'agit de préciser les conditions d'organisation, de mise en œuvre, de pilotage et le périmètre des projets de télémédecine. Les principaux dispositifs sont ceux des deux cahiers des charges des expérimentations présentés dans les articles 36 de la loi de financement de la Sécurité sociale pour 2014 et pour 2016. À nouveau, les résultats ne sont pas au rendez-vous. Ainsi, moins de 10 actes ont été recensés dans le cadre du cahier des charges proposé par l'article 36 de la loi de financement de la sécurité sociale de 2014. Le cadre expérimental proposé par le cadrage de 2016 a permis quant à lui de réaliser 592 actes de téléexpertise[24] et 2071 de téléconsultation[25], ce qui reste néanmoins un échec du cadre expérimental (Thorigny, 2018).

Entre 2009 et 2018, les modifications du cadre réglementaire sont marginales. En revanche, en 2018, la signature de l'avenant 6 à la convention médicale de 2016 vient simplifier et sécuriser ce cadre par le passage de la phase d'expérimentation à celle de routine : les remboursements de deux actes de télémédecine entrent dans le droit commun de l'Assurance maladie. Désormais la téléconsultation et la téléexpertise sont inscrites dans la Classification commune des actes médicaux. La mise en œuvre est simplifiée, il n'y a plus d'obligation de contractualisation avec les ARS et de conventionnement entre les acteurs comme c'était le cas jusqu'à cette date.

Pourtant, les résultats sont toujours en deçà des attentes. Ainsi, un recensement effectué par la puissance publique pour la période du 15 septembre 2018 au 17 mars 2019 indique que 7 939 actes de téléconsultation ont été facturés à l'Assurance maladie[26]. Si ce chiffre peut sembler élevé, il est à mettre en perspective avec les ambitions de la puissance publique annoncées *via* le plan de lutte contre les déserts médicaux (2017) et celui de généralisation de la téléconsultation (Assurance Maladie, 2018) qui estimaient le nombre de téléconsultations en 2019 à 500 000, puis à 1,3 million en 2021.

---

24 La téléexpertise est un type d'acte de télémédecine où un médecin requérant consulte à distance un expert sur le cas d'un patient.

25 La téléconsultation est une forme de consultation entre un patient et un médecin réalisée à distance au moyen d'un appareillage dédié et/ou de solutions logiciel dédiées.

26 Paradoxalement, ce résultat ne signifie pas que la télémédecine ne se développe pas en France. Les organismes complémentaires d'assurance maladie en ont fait un élément de leur stratégie et revendiquent un nombre de téléconsultations important. Par exemple, le groupe Axa affirme avoir réalisé en moyenne 1 500 téléconsultations par mois sur la période 2015-2018. Toutefois, ces actes sont réalisés dans un cadre qui n'est pas celui établi par la puissance publique. Il n'est pas couvert par l'Assurance maladie obligatoire, et repose *de facto* sur une autre forme de gouvernance que celle organisée par la puissance publique. Pour plus de détails se référer à Domin et Rauly (2019).

Au global, ces recensements, réalisés à des périodes différentes en termes de stratégie nationale, indiquent que les objectifs fixés n'ont pas été atteints. Deux grands ensembles d'arguments sont mobilisés dans la sphère politique pour expliquer le faible développement de la pratique relativement aux attentes. Le premier ensemble comprend des arguments liés à l'imperfection du cadre juridique de la pratique et à la complexité de ce cadre. Les modifications régulières du cadre légal et réglementaire, de même que l'attention portée à la politique par la stratégie nationale de déploiement de la télémédecine, montrent que l'absence de cadre est considérée comme un frein essentiel. Toutefois, les faibles résultats du développement de la télémédecine, malgré son entrée dans le droit commun avec un cadre juridique simplifié et supposé stable, amènent à accorder une importance particulière au second ensemble de freins.

Ce second ensemble a trait aux arguments liés à la position des médecins libéraux face au développement de la pratique. Ceux-ci sont présentés comme faiblement intéressés par la télémédecine et réfractaires à l'utilisation des technologies. Par ailleurs, il est également évoqué un manque d'incitation financière et une faible habitude à travailler avec d'autres professionnels de santé, ce qui est un prérequis à la télémédecine puisque cette pratique suppose une coproduction avec d'autres professionnels de santé.

Afin de discuter les arguments usuellement mobilisés pour expliquer le non-développement de la télémédecine en France, nous avons réalisé une enquête auprès de médecins libéraux (Rauly, 2016).

2. METHODOLOGIE D'ENQUETE

L'enquête vise à caractériser les motivations des médecins à la pratique de la télémédecine. Elle interroge les différents freins supposés associés à leur comportement (cf. partie 1). Elle s'intéresse en particulier à leur rapport à la technologie et offre également un espace de réponse libre sur ce qu'ils identifient comme des freins et des leviers pour le développement de la télémédecine.

L'enquête a été réalisée dans le cadre d'un partenariat de recherche avec l'Union régionale des médecins libéraux de Champagne-Ardenne (devenue Union régionale des professionnels de santé) et avec l'agence régionale pour la recherche et l'innovation de Champagne-Ardenne (Carinna, devenue ID-Champagne-Ardenne). La force de ce questionnaire est donc d'avoir été réalisé de façon conjointe par des acteurs de la recherche et des acteurs du système de santé. Ces partenariats ont été d'un grand soutien dans la réalisation de l'enquête, mais ont également conditionné la forme et les modalités de sa réalisation. En effet, les différentes institutions partenaires ont souhaité que la question du positionnement des médecins par rapport à la politique de déploiement de la télémédecine ne soit pas abordée de façon directe. Les médecins sont donc interrogés sur leur avis général au sujet de la politique de télémédecine, de leur attrait personnel pour cette pratique, des conditions auxquelles ils envisagent la pratique. Sont également renseignées leurs caractéristiques sociodémographiques et d'exercice.

L'enquête a été envoyée à l'ensemble des médecins ayant une activité libérale dans les quatre départements de l'ex-région Champagne-Ardenne (Ardennes, Aube, Marne, Haute-Marne) et dans deux départements d'Ile-de-France, les Hauts-de-Seine et le Val-de-Marne. Ces départements comprennent à la fois des territoires à population dense et des territoires ruraux. Des projets de télémédecine étaient en cours dans l'ensemble de ces départements au moment de l'enquête. En octobre 2013, 6054 questionnaires ont été envoyés par courrier postal afin d'éviter un biais lié à l'usage de l'informatique. Plusieurs phases de relance ont eu lieu jusqu'en février 2014. Au total, 397 questionnaires ont été renseignés, soit un taux de retour de 6,62 % et 385 ont été exploités. Le tableau 1 récapitule les différentes caractéristiques sociodémographiques des répondants et distingue les données brutes de l'échantillon et les données redressées. Le redressement permet de donner un poids à chaque individu de l'échantillon qui se rapproche de celui qu'il a effectivement au sein de la population étudiée. Il a été opéré à partir des données de la DREES et de l'Observatoire de l'ordre des médecins en incluant des critères de sexe, de spécialité et département (cf. Rauly, 2016). Les résultats donnés par la suite se basent sur les données redressées.

Tableau 1. Caractéristiques sociodémographiques des médecins de l'enquête télémédecine

Caractéristiques	Pourcentage échantillon brut	Pourcentage échantillon redressé
Sexe		
Homme	62,6 %	55,8 %
Femme	37,4 %	44,2 %
Classe d'âge		
- de 40 ans	7,3 %	7,8 %
De 40 à 60 ans	67,3 %	66,5 %
+ de 60 ans	25,4 %	25,7 %
Spécialité		
Généraliste	60,8 %	49,6 %
Autre spécialité	39,2 %	50,4 %
Département		
Ardennes	8,1 %	4,7 %
Aube	8,3 %	6,0 %
Marne	22,0 %	14,3 %
Haute-Marne	8,1 %	5,2 %
Hauts-de-Seine	28,0 %	37,1 %
Val-de-Marne	25,5 %	32,7 %
Zone urbaine		
- 10 000 habitants	20,5 %	13, 0 %
Entre 10 000 et 100 000 habitants	53,0 %	58,0 %
+ 100 000 habitants	26,5 %	29,0 %
Lieu d'exercice		
Cabinet individuel	48,6 %	49,3 %
Autre lieu d'exercice	51,4 %	50,7 %
Mode d'exercice		
Libéral uniquement	71,7 %	67,8 %
Mixte	28,3 %	32,2 %

Source : Notre enquête

3. DES RESULTATS QUI RELATIVISENT LES FREINS USUELS

Parmi les répondants, 5 % des médecins font partie d'un projet de télémédecine. La pratique de la télémédecine est donc ténue chez les médecins comme nous avons pu l'observer précédemment avec les différents recensements. Pourtant, les médecins ont une bonne connaissance de la télémédecine puisque 73,5 % ont répondu voir au moins assez bien de quoi il s'agit. Par ailleurs, seuls 3,9 % des médecins répondants ne voient pas ce qu'est la télémédecine. Les médecins répondants sont également favorables à l'idée d'utiliser les outils de télémédecine. Seuls 17 % d'entre eux se positionnent contre, alors que si l'occasion se présentait, ils sont 67 % à se dire prêts à les utiliser. De plus, 77,2 % pensent que la télémédecine est au moins une assez bonne chose. La majorité des médecins interrogés a une image positive de la télémédecine mais ne la pratique pas.

Nous cherchons donc à comprendre où se situe la zone de blocage et examinons les réponses apportées par les médecins face aux freins couramment identifiés comme justification du faible développement de la télémédecine (cf. partie 1).

Le premier type d'explication fréquemment évoqué dans la littérature pour justifier le faible déploiement de la télémédecine sur le territoire français est le coût d'entrée. Celui-ci comprend l'investissement financier et l'apprentissage liés aux outils technologiques et à leurs usages (Lasbordes, 2009 ; Lucas, 2014 ; Simon et Acker, 2008). Le graphique 1 recense les outils technologiques utilisés quotidiennement par les médecins interrogés.

Graphique 1. Les outils technologiques utilisés habituellement par les médecins dans leur pratique

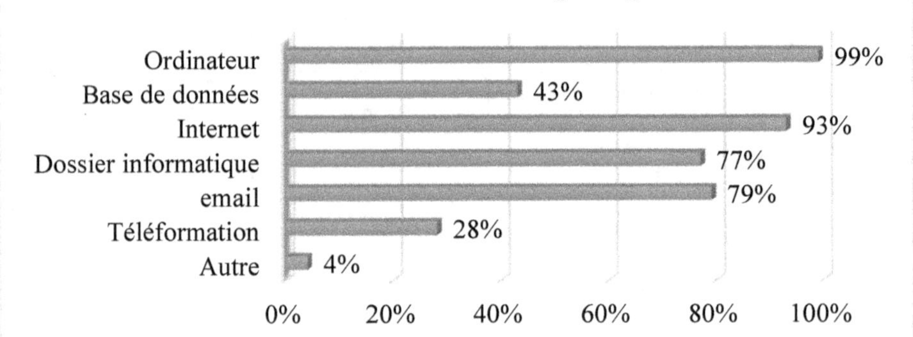

Source : Notre enquête, ensemble des médecins répondants.
Lecture : 99 % des médecins sondés utilisent un ordinateur dans leur pratique.

Parmi les répondants, 99 % des médecins utilisent un ordinateur dans leur activité et 93 % se servent d'internet. Une large majorité utilise également des emails et des dossiers informatiques médicaux. Au sein des questions ouvertes, un nombre important de médecins a précisé échanger fréquemment des informations médicales avec ses patients par email. Seules les utilisations de bases de données de type Pubmed et de téléformations sont mentionnées par moins de la moitié des médecins répondants.

L'usage de la télémédecine ne représente pas non plus un obstacle majeur selon les médecins interrogés. S'ils ne jugent pas la télémédecine comme particulièrement facile ou satisfaisante, ils ne la jugent pas non plus comme difficile ou inutile. Comme le montre le graphique 2, pour ces *items*, la modalité "sans opinion" est la plus choisie.

Graphique 2. L'évaluation de l'utilisation de la télémédecine

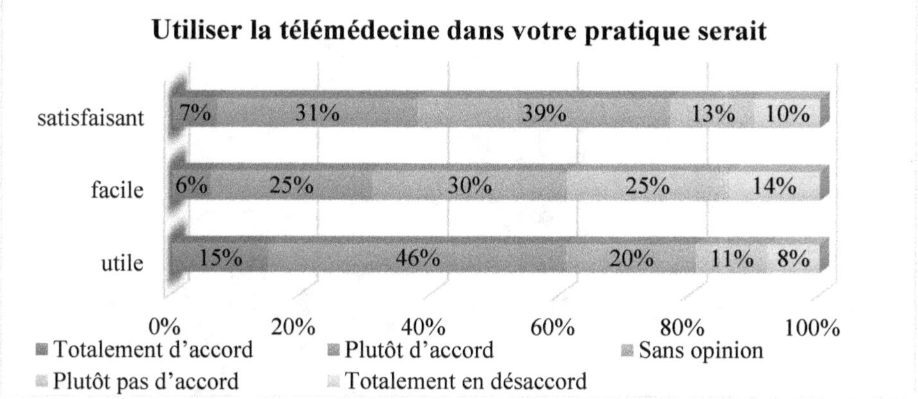

Source : Notre enquête, ensemble des médecins répondants.
Lecture : 31,7 % des médecins interrogés sont totalement d'accord avec le fait qu'utiliser la télémédecine dans leur pratique serait satisfaisant.

La dépendance au sentier technologique ne semble donc pas être une explication satisfaisante du faible déploiement de la télémédecine sur les territoires couverts par notre enquête.

Outre l'usage des technologies télémédicales, l'échange avec d'autres professionnels du champ médical est également l'une des caractéristiques principales de la pratique de la télémédecine. En effet, la télémédecine nécessite un échange à distance avec un ou plusieurs autres professionnels de santé (par exemple, un confrère dans le cas de la téléexpertise). Une explication régulièrement avancée face au faible développement est que les médecins libéraux seraient isolés et n'auraient pas l'habitude de travailler avec d'autres médecins ou professionnels de la santé (Lasbordes, 2009). Il convient alors d'analyser les habitudes des médecins interrogés quant à leurs interactions avec d'autres professionnels. Nous distinguons ici les échanges avec les autres professionnels médicaux et avec les professionnels paramédicaux, les interactions avec des professionnels paramédicaux étant supposées se développer avec la télémédecine puisque leur présence auprès du patient est souvent requise pour la réalisation de l'acte de télémédecine.

Graphique 3. Nombre moyen d'échanges quotidiens avec d'autres professionnels de santé

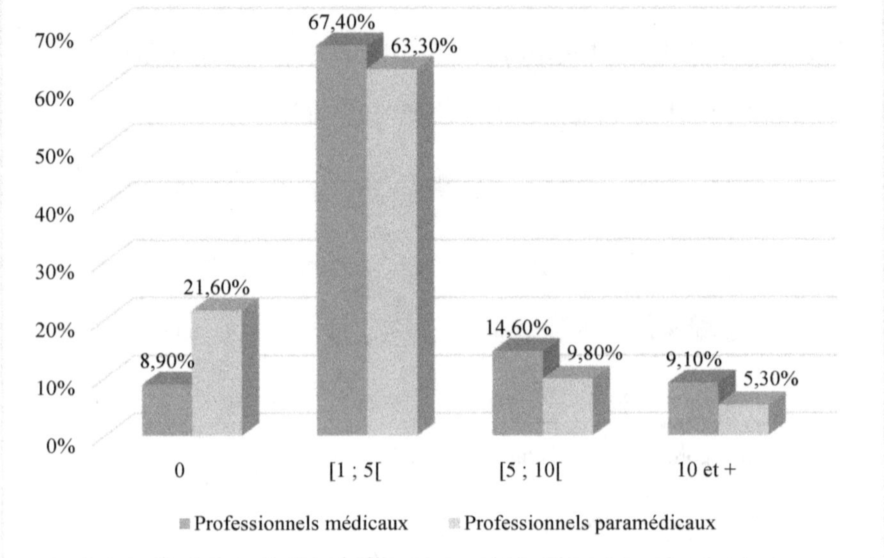

Source : Notre enquête, ensemble des médecins répondants.
Lecture : 67,4 % des médecins interrogés ont des échanges au quotidien avec un nombre de professionnel(s) médical(aux) compris entre 1 et 5 ; 63,4 % échangent au quotidien avec 1 à 5 professionnel(s) paramédical(aux).

Dans la population répondante, seuls 8,9 % des médecins n'échangent pas avec un confrère au cours d'une journée et 21,6 % n'ont aucun échange avec un professionnel paramédical (Graphique 3). Plus des deux tiers des médecins interrogés échangent néanmoins avec au moins un confrère par jour et 63,3 % avec au moins un professionnel paramédical. Une grande majorité des médecins des territoires étudiés a donc déjà intégré dans sa pratique l'échange, non seulement avec des confrères mais également avec des professionnels paramédicaux. L'argument du médecin isolé ne semble pas non plus permettre d'expliquer le non-déploiement de la télémédecine.

Enfin, un dernier argument régulièrement mobilisé autour du comportement des médecins est à rattacher à la rémunération de la télémédecine (Lucas, 2014). Cet argument renvoie à une dimension de la gouvernance de la télémédecine, les modalités de rémunération étant définies dans le cadre de la convention rattachant les médecins à la Sécurité sociale. Le montant souhaité pour la rémunération des actes de télémédecine peut toutefois être un *proxi* sur les attentes financières des médecins pour la pratique. Notre enquête a permis de dégager que les médecins souhaitaient pour les deux-tiers d'entre eux un montant de rémunération de la télémédecine qui soit comparable à celui des actes classiques. Le développement de la télémédecine ne semble pas associé à des attentes financières particulières puisque pour un travail similaire, les médecins souhaitent une rémunération similaire.

Nous nous intéressons désormais aux réponses des médecins concernant la gouvernance de la pratique. Il a été demandé aux médecins quels sont les acteurs qui, selon eux, ont un rôle à jouer dans le déploiement de la pratique (Graphique 4).

Graphique 4. Les acteurs de la télémédecine selon les médecins interrogés

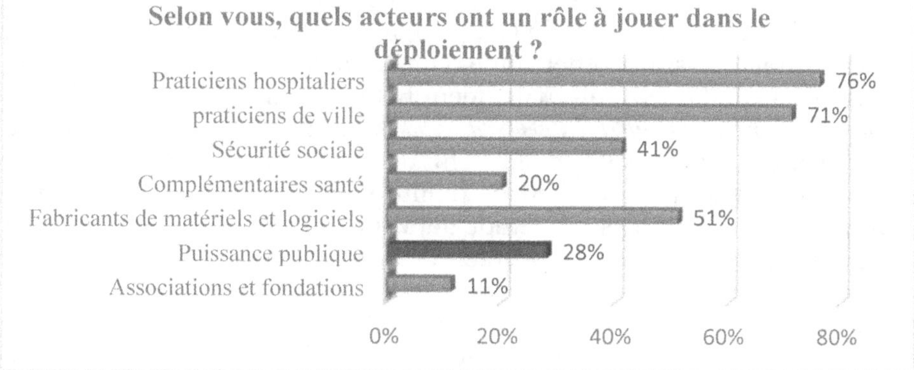

Source : Notre enquête, ensemble des médecins répondants.
Lecture : 76 % des médecins sondés affirment que les praticiens hospitaliers ont un rôle à jouer dans le déploiement de la télémédecine.

S'il ne fait aucun doute pour les praticiens interrogés que les médecins de ville et hospitaliers ont un rôle à jouer dans le déploiement de la télémédecine, seuls 28 % d'entre eux estiment que la puissance publique doit y participer. La place de la Sécurité Sociale divise les médecins interrogés. Les réponses aux questions ouvertes viennent également renforcer cette idée.

En effet, il a été posé la question suivante aux médecins : Selon vous, parmi les points abordés précédemment quels seraient les éléments les plus nuisibles à la mise en place de la télémédecine[27] ? Parmi les 385 répondants, 221 ont complété cette question. Arrivent en tête des réponses les plus citées la crainte d'une surcharge administrative liée à une « *protocolisation* » de la médecine (38 % des répondants) et celle d'une « déshumanisation » de la relation médecin-patient (22 % des médecins). Le modèle de gouvernance, mentionné par 20 % des répondants arrive en troisième position. Les réponses évoquent entre autres « *la mise en place*

[27] La question inverse a également été posée afin de connaitre les éléments facilitant la mise en place de la télémédecine. La clarification de l'encadrement juridique de la pratique et la généralisation de la rémunération des actes sont les éléments les plus cités.

exclusive par les caisses et/ou les autorités de santé », « *l'impéritie des tutelles* » ou encore « *la centralisation et la normalisation* », « *L'intervention de l'État comme acteur (on ne peut pas être juge et parti)* » et « *l'interférence de la Sécurité Sociale ou des Mutuelles* ». Le contrôle exercé par la puissance publique dans l'encadrement du déploiement de la télémédecine est donc jugé négativement par les médecins.

Les réponses des médecins libéraux à l'enquête télémédecine nous permettent de nuancer les arguments en lien avec leur manque d'intérêt pour la télémédecine ou leur désintérêt pour les nouvelles technologies. En revanche, par les freins qu'ils identifient, le modèle de gouvernance de la pratique semble davantage expliquer l'échec de la télémédecine en exercice libéral. Les résultats de l'enquête génèrent aussi un paradoxe : les médecins libéraux sont en demande d'un cadre juridique qui permette de sécuriser la pratique, puisqu'ils identifient parmi les freins « *la non définition des responsabilités, l'absence d'encadrement clair* » tout en rejetant le cadre institutionnel proposé en refusant le « *contrôle par un organisme d'État* ». Cet aspect est également pointé dans les freins identifiés par Durupt et *al.* (2016) dans une étude auprès des médecins généralistes de territoires ruraux lorrains. Ce résultat amène à discuter l'hypothèse d'un antagonisme entre la forme de gouvernance attendue par les médecins pratiquant la télémédecine en ville et la forme de gouvernance institutionnellement déployée. L'examen précis de leurs réponses suggère que les attentes exprimées ne sont pas celles auxquelles la puissance publique répond *via* des modifications régulières du cadre institutionnel, ce que nous proposons de discuter dans la suite de cet article en mobilisant le cadre de Assens et Accord (2007). Ces auteurs analysent les différents stades organisationnels des structures réticulaires.

4. INTERPRETATION DES RESULTATS : ANTAGONISME DES ECHELLES DE GOUVERNANCE DE LA TELEMEDECINE

Les différents recensements de l'activité de télémédecine pointent que la création des premiers projets a largement précédé l'institutionnalisation de la pratique. Avant 2009 et la loi HPST, la télémédecine est pratiquée sans réglementation dédiée. L'institutionnalisation de la pratique se fait donc de façon *ad hoc*. Il s'agit dans un premier temps d'organisations sans structure juridique particulière mises en place à l'initiative de professionnels médicaux souhaitant répondre à des problèmes géographiquement et temporellement situés : la désertification médicale et la croissance de la problématique des maladies chroniques. L'objectif est alors de faciliter, par le biais des nouvelles technologies médicales, la coopération entre professionnels de soins. Dans cette phase pré-institutionnalisation de la pratique, la dimension est exclusivement locale et les dispositifs sont singuliers[28]. Jusqu'en 2010, ces projets fonctionnent sans encadrement juridique dédié et, au-delà d'une coordination, cela suppose donc une coopération forte entre les acteurs des projets qui interviennent simultanément dans l'organisation du dispositif. Assens et Accord (2007) montrent que, dans ce type de situation, le partage des informations et des responsabilités repose sur une relation de confiance entre les acteurs impliqués. Il ne s'agit alors en aucun cas d'une mise en concurrence des acteurs ou d'une volonté de réorganiser le système de santé. À cette période, la gouvernance de la télémédecine, entendue comme l'ensemble des modalités d'organisation et de contrôle de la pratique, est exclusivement interne. Elle est assurée par la profession médicale et ses représentants qualifiés d'experts en télémédecine (médecins pionniers et porteurs de projets). Dans ce modèle de gouvernance, l'organisation des échanges repose davantage sur des logiques coopératives que sur des mécanismes de coordination. La régulation des médecins se fait par les médecins. La régulation de la médecine est historiquement marquée par une autorégulation (Da Silva et Gadreau, 2015). Dans l'exercice de *l'art médical*, le principe supérieur est l'autonomie des médecins. En effet, compte tenu de la spécificité de l'activité, l'autonomie est nécessaire. Le comportement de chacun est normé par le respect d'une éthique commune et par l'importance accordée à l'interprétation des autres membres du projet. Des accords implicites émergent et permettent aux projets de petites tailles, sur un territoire restreint, de fonctionner.

L'institutionnalisation de la télémédecine en 2009 donne à celle-ci une dimension nationale. Ce changement d'échelle géographique entraine l'édiction de règles formelles dédiées à l'encadrement de la pratique. Les normes informelles antérieures ne disparaissent pas, elles sont censées être un complément à la règle de droit (Assens et Accard, 2007). Dans le cas de la télémédecine, le passage du stade informel de l'accord (éventuellement organisé dans le cadre d'une convention juridique définie par les parties prenantes du projet) au stade formel de la règle de droit pose alors problème dans la mesure où les normes d'action apparaissent antagonistes et génèrent des conflits. Un cadre juridique normatif de la télémédecine va apparaître avec l'institutionnalisation de la pratique et les modalités principales de gouvernance se situent à une échelle externe à la profession. Le cadre de gouvernance externe suit ainsi des logiques d'action qui peuvent apparaître comme antagonistes avec l'échelle interne historique. La gouvernance externe se met en place en 2009 et est assurée à la fois par un comité de pilotage national en charge de la formulation des règles générales et par les ARS qui ont pour

[28] Rappelons que la moitié des projets de télémédecine recensés sur le territoire national en 2013 était opérationnelle avant l'institutionnalisation de la télémédecine (DGOS, 2013).

mission la maîtrise d'œuvre locale du déploiement. La lecture des textes juridiques de référence[29] fait ressortir que l'institutionnalisation de la télémédecine se matérialise uniquement par cette gouvernance externe. L'échelle interne, de la profession, semble quant à elle être ignorée par la politique de télémédecine. Le rôle de ces différentes échelles est pourtant *a priori* le même : il s'agit d'encadrer les modalités des échanges et donc de proposer des mécanismes de coordination pour que la production de télémédecine ait lieu. L'encadrement des pratiques, tel qu'il est organisé par la gouvernance externe, vient contraindre l'autonomie des médecins et introduit de nouvelles normes. L'encadrement législatif de la pratique médicale est marqué par un *développement tentaculaire du droit* depuis la fin du XXe siècle (Laude, 2009). Le droit, dans le champ de la santé se développe principalement autour d'une *soft law* (Laude, 2005). Cela renvoie à un ensemble de règles juridiques ou déontologiques d'encadrement de la pratique médicale qui émane non seulement d'institutions nationales mais également d'un ensemble de référentiels plus larges tels que les recommandations de bonnes pratiques ou les *guidelines*. Il est alors possible de parler de *normalisation galopante* de l'*art médical* (Mascret, 2008), qui renvoie à une standardisation des pratiques (Castel et Merle, 2002).

La standardisation de l'activité de télémédecine est présentée par le comité de pilotage national comme un processus nécessaire à son utilisation. En effet, pour faire communiquer entre eux différents systèmes d'information, condition *sine qua none* de la pratique de la télémédecine, il est nécessaire de mettre en œuvre des règles communes. La standardisation des pratiques associée à la télémédecine est dès lors encouragée par les syndicats industriels et plus précisément la Fédération des industries électriques, électroniques et de communication (Kassianides et Seguy, 2011). La littérature télémédicale portant sur des cas français fait état de dizaines de *success stories* pour lesquelles il est possible de lire en filigrane la mise en œuvre d'une double normalisation, celle de la pratique médicale et celle de l'objet technique.

L'absence de considération des modalités de gouvernance interne, associée à une autonomie dans l'exercice de *l'art médical*, peut alors expliquer en partie l'absence de dynamisme dans le développement de la télémédecine en médecine libérale. Pourtant, la gouvernance interne est historiquement la première forme d'organisation de l'action médicale. Assens et Accard (2007) montrent que l'institutionnalisation réussie d'une organisation réticulaire se fait par la généralisation de normes de pratique. Celles-ci sont censées être une reconnaissance légale de la coordination interne. Or, dans notre cas, les dispositifs réglementaires

---

29 C'est-à-dire, par ordre chronologique, la loi HPST, le décret n° 2010-1229 du 19 octobre 2010 puis les articles 36 des lois de financement de la sécurité sociale de 2014 et 2016.

qui accompagnent la loi HPST, ne permettent pas de saisir les logiques d'action qui émanent des premiers projets de télémédecine. Il y a donc une absence de cohérence entre les modalités de coopération originelles d'une gouvernance interne et celles de la gouvernance externe organisée par la puissance publique.

5. DISCUSSION DE TROIS SOURCES DE BLOCAGES INSTITUTIONNELS

Comme nous l'avons vu dans la partie 3, les médecins affirment qu'ils sont favorables à la télémédecine, qu'ils utilisent les nouvelles technologies et qu'ils ne sont pas contre le travail en équipe avec des confrères ou plus relativement avec d'autres professionnels de santé non médecins. Nous avons aussi pointé que ce n'est pas l'institutionnalisation en tant que telle de la télémédecine qui pose problème en médecine libérale mais la forme que les instances externes de gouvernance lui donnent, c'est à dire une standardisation des pratiques médicales. Le modèle de gouvernance externe entre en conflit de représentations avec le modèle interne. Plus particulièrement, la zone de tension se situe dans la confrontation des deux représentations de l'organisation des soins qui vient faire écho au déploiement de la télémédecine et qui, à terme, implique un repositionnement du médecin libéral dans le système de santé. Ce conflit de représentations apparaît dans notre enquête autour de trois modalités d'interprétation par les médecins du déploiement de la télémédecine, que nous discutons dans cette section.

La première source de conflit de représentations est la conception d'industrialisation du soin, entendue comme une standardisation et normalisation de l'acte médical, que la gouvernance externe propose. Au-delà de la normalisation de l'outil technologique, les objectifs attribués par la puissance publique aux outils dématérialisés du soin sont source d'une interprétation conflictuelle. Ainsi, parmi les dispositifs dont l'utilisation est plébiscitée se trouve le Dossier médical personnel (DMP). Ce dernier doit faciliter l'accès à distance aux données médicales des patients et introduit une nouvelle transparence entre les informations détenues par les médecins et la tutelle. Si le DMP est présenté comme un outil permettant d'améliorer la prise en charge des patients grâce à un dossier médical « partagé », il a rapidement été rejeté par les médecins libéraux. Le partage de l'information, s'il ne pose pas de problème *a priori*, en devient un dans le contexte normatif de la gouvernance externe. Il est interprété par les professionnels médicaux comme un pas supplémentaire vers l'industrialisation complète du soin et l'affaiblissement de la profession : « *Le DMP entérine en fait la transformation du domaine public de la santé en un marché où l'on parle « gestion », « process », « performance », et où le vocable « qualité » ne désigne rien d'autre que la standardisation des processus de production (ici de « services médicaux »)* » (Schweitzer, 2012, p. 3).

Ce qui est en cause, c'est la « bonne façon » de faire de la télémédecine. La stratégie nationale est ressentie comme en rupture avec la conception de l'autonomie. La qualité des soins devient le fait de normes issues de l'*Evidence based medicine*[30] qui évince toute prise en considération de la complexité et de l'idiosyncrasie de la production médicale. L'évaluation des pratiques à travers l'interopérabilité des systèmes d'information vient modifier la représentation qu'ont les médecins des dispositifs technologiques. L'industrialisation du soin devient synonyme de coercition procédurale et d'évaluation normative de la pratique. Le graphique 5 rend compte que seuls 24,7 % des médecins interrogés partagent avec leurs interlocuteurs les dossiers de leurs patients. Par ailleurs, 33,4 % participent à un réseau de santé.

Graphique 5. Les habitudes de pratiques individuelles et en groupe des médecins

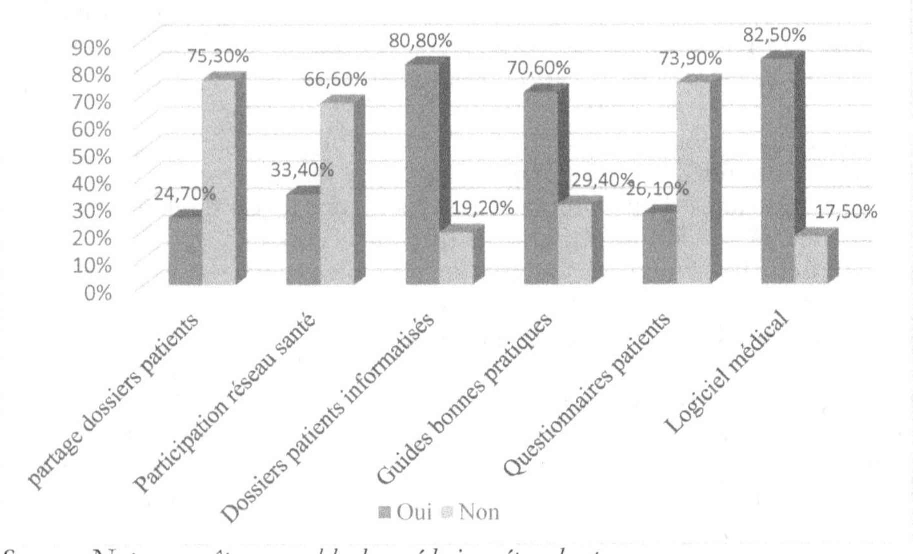

Source : Notre enquête, ensemble des médecins répondants.
Lecture : 24,7 % des médecins interrogés partagent les dossiers patients avec leurs confères.

---

30 L'EBM vient modifier les codes de l'*art médical* en mettant la preuve statistique au-dessus de la connaissance individuelle de la pratique. Autrement dit, l'expérience individuelle du médecin et sa formation ne sont plus des preuves qui se suffisent à elles-mêmes pour légitimer l'action médicale et le choix thérapeutique. L'objectif est alors de limiter la variation des pratiques individuelles. L'EBM et plus largement la normalisation de l'activité médicale deviennent des outils de politiques publiques dans le sens où les objectifs d'encadrement de la dépense de santé et d'amélioration de la qualité des soins leur sont attribués (Azria, 2012).

Le graphique 5 nous enseigne également que peu de médecins utilisent des questionnaires patients (26,1 %). L'utilisation de ces questionnaires standardisés est nécessaire dans la pratique de la télémédecine afin de faire circuler des fiches d'identité des patients. Par ailleurs, une large majorité de médecins utilise des guides de bonnes pratiques et des logiciels médicaux. Nous pouvons donc conclure que les dispositifs liés à un usage individuel sont largement utilisés par les médecins et qu'*a contrario* les dispositifs à visée collective sont délaissés.

La deuxième source de conflit de représentations fait référence à la répartition des tâches. Le modèle de gouvernance proposé par la puissance publique implique une multiplication des partenariats public/privé dans la fourniture des services publics et une délégation des tâches. La télémédecine implique une évolution de l'attribution des tâches au sein du système de santé entre la médecine de ville et l'hôpital, ce qui apparaît comme un frein pour les médecins libéraux. En effet, la place de l'hôpital est à plusieurs reprises pointée dans les résultats de notre enquête puisque sont mentionnés comme freins « *l'hospitalo-centrisme* », « *l'extrême difficulté des rapports hôpital-médecine de ville* » ou encore « *la gestion administrative par l'hôpital* ». Par ailleurs, certains postes, en particulier ceux des professions paramédicales, sont amenés à se complexifier. De la même façon, les infirmiers et pharmaciens ont un rôle nouveau dans l'organisation de la télémédecine telle qu'elle est présentée par les pouvoirs publics. Or, le transfert de compétences et la délégation de tâches, dans un contexte d'industrialisation des soins, remettent en cause un principe fondamental de la médecine libérale : le monopole des soins.

Dans une vision industrielle du soin, la délégation de tâches devient synonyme de délégation de pouvoir. L'outil, dans sa capacité à poser un diagnostic, dépossède le médecin de ses actifs spécifiques[31]. L'octroi du monopole exige la délimitation précise de ce qui relève de l'action du médecin et de ce qui relève de l'action d'autres professionnels. Or, dans le cadre de la télémédecine, « *dans de nombreuses situations, des tâches médicales de première importance sont ainsi déléguées à des médecins moins spécialisés, voire à des personnes n'appartenant pas au corps médical proprement, (il s'agit) d'activités intimement liées à ce qui constitue le cœur du métier de médecin, à savoir la production de jugements professionnels contribuant à établir le diagnostic* » (Mathieu-Fritz et Esterle, 2013, p. 315).

[31] On retrouve ici l'idée d'une séparation entre tâches techniques et tâches intellectuelles de diagnostic, qui peut être interprétée comme correspondant à une séparation entre « sale boulot » et « vrai boulot », le vrai boulot constituant le cœur de métier (Bidet, 2011). Si les médecins sont prêts à déléguer les tâches techniques qui correspondent au « sale boulot », leur réaction est négative à l'idée de déléguer les tâches intellectuelles qu'ils associent à leur « vrai boulot ».

Réduire le degré de monopole du médecin, en facilitant la circulation des informations médicales et le transfert de compétences, n'est pas sans conséquence sur la réaction du corps médical puisque cela revient à céder sur un acquis historique (Kerleau et Pelletier-Fleury, 2002). La concurrence n'est plus entre médecins mais entre professionnels de santé. La délégation de tâches engendre un repositionnement du médecin libéral dans le système de santé.

Au sein de la population étudiée, 67 % des médecins sont au moins plutôt d'accord avec le fait que les projets de télémédecine doivent être coordonnés pour fonctionner. Toutefois, 63 % pensent que seul un médecin peut coordonner ces réseaux. Or, dans le cadre du déploiement de la télémédecine, il n'est pas nécessairement envisagé que cette coordination se fasse par un médecin. La situation privilégiée est la coordination par un professionnel de santé non médecin. Au sein de la population étudiée, la moitié des médecins s'oppose à cette situation. Ici encore, l'aspect médical du déploiement de la télémédecine n'est pas contesté. En revanche, sur le plan organisationnel et sur les modalités d'encadrement de la pratique, les médecins ne sont pas favorables au modèle proposé par les institutions en charge de la gouvernance du déploiement de la télémédecine.

Enfin, la troisième caractéristique de l'organisation porteuse de tensions est la définition des modalités de rémunération des professionnels de santé qui interviennent dans la production télémédicale, ce qui est également souligné comme un frein par Durupt et *al.* (2016) qui qualifient la question de la rémunération de la téléconsultation comme étant « polémique ». Initialement, les institutions en charge du déploiement de la télémédecine ont envisagé des formes nouvelles de rémunération qui soient incitatives. La rémunération des actes est l'aspect qui a le plus évolué au cours des différentes phases de la stratégie nationale de déploiement. Il semble que la rémunération proposée depuis 2018 corresponde aux attentes des médecins. En effet, actuellement les actes de téléconsultation sont rémunérés dans un cadre semblable aux consultations classiques. Les actes de téléexpertise sont également rémunérés à l'acte (entre 5 et 10 € pour le médecin sollicitant l'expertise et entre 12 et 20 € pour le médecin expert). Les premières formes de rémunération proposées étaient des paiements au forfait. Comme le montre le graphique 6, les médecins sont majoritairement favorables au paiement à l'acte et rejettent l'idée de pratiquer la télémédecine si celle-ci est rémunérée *via* un paiement au forfait. Dans l'hypothèse d'une rémunération au forfait par pathologie, seuls 24,93 % d'entre eux seraient totalement d'accord ou d'accord pour pratiquer la télémédecine ; sous l'hypothèse d'une rémunération au forfait par patient, ils ne seraient que 22,85 % à être d'accord ou totalement d'accord. Ils sont cependant moins fermés à l'idée d'un dispositif hybride qui combinerait une rémunération à l'acte et au forfait (38,19 % se disent d'accord ou totalement d'accord).

Graphique 6. Les modalités de rémunération acceptées par les médecins

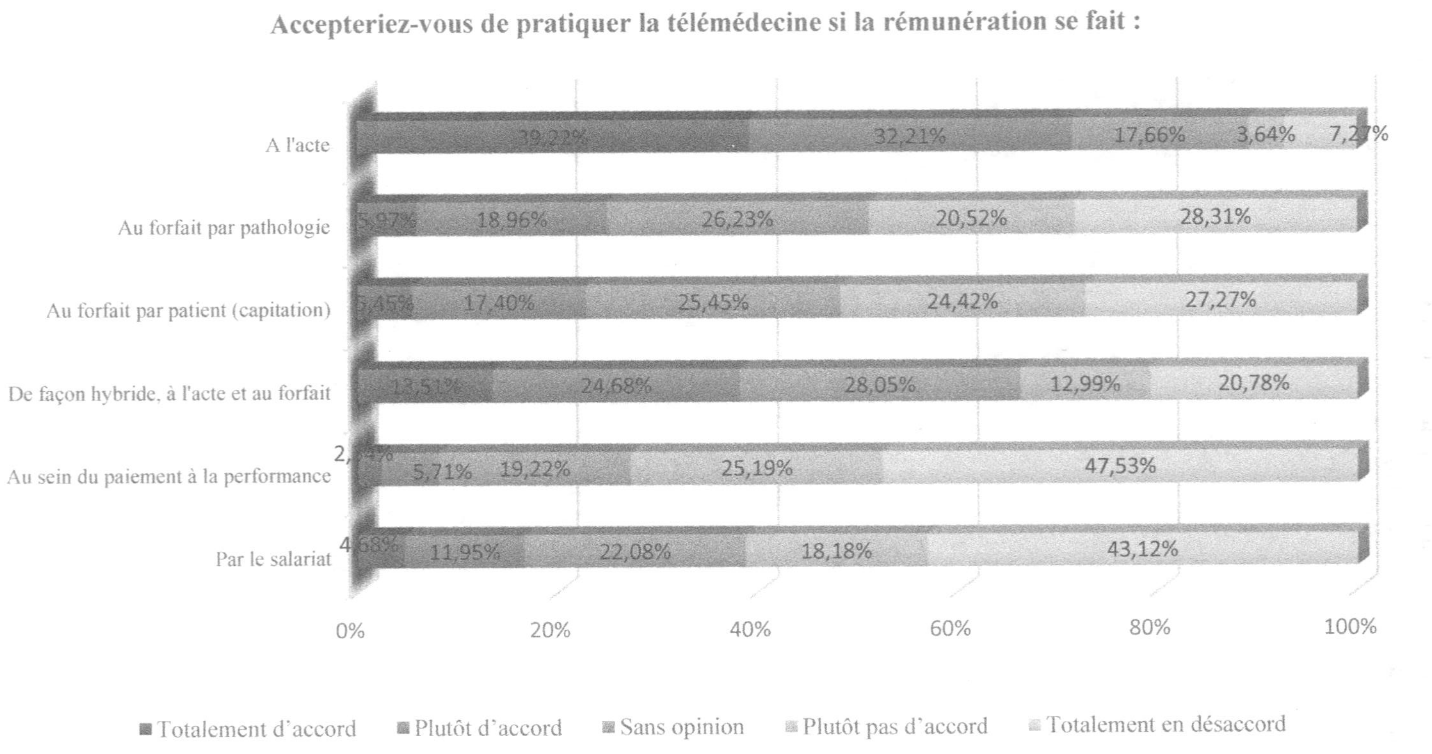

Source : Notre enquête, ensemble des médecins répondants.
Lecture : 39,22 % des médecins interrogés sont totalement d'accord pour pratiquer la télémédecine si la rémunération est à l'acte.

Le paradoxe que nous associons à un conflit entre gouvernance interne et externe peut toutefois être amplifié par la méthodologie d'enquête en auto-passation que nous avons mobilisée. Cette méthode présente en effet un risque de favoriser les réponses les plus polarisées. Les opinions de ces répondants ne remettent cependant pas en cause l'existence de ce paradoxe. En effet, on retrouve cette tension y compris au sein des réponses de mêmes médecins. Par ailleurs, ce conflit de gouvernance apparaît également en filigrane dans les résultats des travaux de Durupt et *al.* (2016). Nous avons exploré ce possible biais par *proxy*, en documentant la syndicalisation et la participation à l'ordre des médecins répondants. Il s'avère que les répondants à notre enquête sont davantage syndiqués ou participent davantage aux activités de l'ordre que la moyenne nationale (34,1 % contre 24,5 %). Dans notre échantillon, les médecins investis dans une activité syndicale ou ordinale sont significativement plus disposés à pratiquer la télémédecine (74,8 % des répondants contre 63 % parmi les médecins n'ayant pas d'activité syndicale ou ordinale), ce qui explique que nous ayons un taux de répondants pratiquant la télémédecine relativement important. Les opinions polarisées que l'on peut retrouver chez les médecins fortement investis dans la régulation interne peuvent accentuer le paradoxe de gouvernance. En d'autres termes, une des réponses au faible déploiement de la télémédecine peut se trouver ici. Le conflit de représentation entre la politique publique de télémédecine et les modalités de régulation de la profession s'inscrit dans le fait que les médecins qui sont intéressés par la télémédecine sont également ceux qui ont un attachement fort pour les modalités de régulation interne. Ils sont davantage intéressés que les autres par la télémédecine mais sont également les moins convaincus par les mécanismes de coordination associés à la gouvernance externe.

CONCLUSION

L'objet de cet article était de proposer une explication au faible développement de la télémédecine en France en médecine libérale. Après avoir caractérisé l'échec du développement de la télémédecine, nous avons vu que deux grandes catégories d'explications de cet échec sont mobilisées régulièrement depuis 2009. La première a trait au comportement supposé des médecins, la seconde est rattachée à l'imperfection et à la complexité du cadre réglementaire. Une enquête que nous avons réalisée en 2013 auprès de l'ensemble des médecins libéraux de six départements a permis de nuancer les arguments liés au comportement des médecins. Cette enquête a aussi pointé un paradoxe : alors que les médecins portent une attention au cadre juridique de la pratique (en lien avec leurs responsabilités professionnelles et juridiques), ils soulignent également que le modèle de gouvernance, entendu comme les modalités d'organisation et de contrôle de la pratique, proposé par la puissance publique ne leur convient pas. Nous avons donc discuté ce paradoxe en nous appuyant sur les apports de Assens et Accard (2007). Ils nous ont permis d'identifier une contradiction entre une gouvernance interne à la profession, construite préalablement à l'institutionnalisation de la télémédecine et une gouvernance externe construite par l'institutionnalisation même de la télémédecine. Notre enquête a permis de caractériser trois lieux de conflits entre ces gouvernances. (i) L'intensification de la normalisation juridique et l'industrialisation du soin, portées par l'institutionnalisation de la télémédecine, deviennent source de remise en cause de l'application de la stratégie nationale du déploiement de la télémédecine. (ii) Le maintien de l'autonomie du médecin et du monopole des soins conditionne l'adhésion des professionnels médicaux. (iii) Enfin, la rémunération ne semble pouvoir que reproduire le modèle du paiement à l'acte, fondateur de la régulation de la médecine libérale. Le développement de la télémédecine en médecine libérale semble conditionné à la résolution de ces conflits entre gouvernance interne et externe. Une possibilité de compromis semble envisageable comme le suggère la signature en juin 2018 de l'avenant 6 à la convention médicale de 2016 par l'Assurance maladie et cinq syndicats de médecins libéraux[32]. En effet, nous avons pointé que les organisations professionnelles regroupent des médecins plus enclins à la pratique de la télémédecine mais ces organisations étaient exclues jusqu'alors des discussions associées à la politique publique de télémédecine. La présence des syndicats de médecins libéraux dans le débat autour du remboursement des actes de téléconsultation et de téléexpertise constitue une première prise en compte par les autorités du poids de la gouvernance interne.

BIBLIOGRAPHIE

ASSENS, C. & ACCARD, P., 2007, La construction d'un réseau. L'union Européenne, *Gestion et Management*, vol. 5, Octobre.

ASSURANCE MALADIE, 2018, *Généralisation de la téléconsultation le 15 septembre 2018*, dossier de presse du 12 septembre 2018.

AZRIA, É., 2012, L'humain face à la standardisation du soin médical, *La vie des idées*.

BIDET, A., 2011, *L'engagement dans le travail. Qu'est-ce que le vrai boulot*, Paris, PUF.

CASTEL, P. & MERLE, I., 2002, Quand les normes de pratiques deviennent une ressource pour les médecins / When standards become a

[32] La Confédération des syndicats médicaux français (CSMF), MG France, Le Bloc et le Syndicat des médecins libéraux (SML) ont signé dès le 14 juin 2018. La Fédération des médecins de France (FMF) les a rejoints le 27 juin.

resource for doctors: The case of oncology, *Sociologie du Travail*, vol. 44, pp. 337-355.
DA SILVA, N. & GADREAU, M., 2015, La médecine libérale en France. Une régulation entre contingence et déterminisme, *Revue de la Régulation* [en ligne], no. 17.
DGOS, 2011, *Le recensement des activités de télémédecine*. Ministère de la santé et des sports.
DGOS, 2013, *Le recensement des activités de télémédecine*. Rapport de la DGOS.
DOMIN, J.-P. & RAULY, A., 2019, Téléconsultation médicale : les enjeux d'un nouveau marché pour les organismes complémentaires d'assurance maladie, *RECMA*, vol. 352, no. 2, pp. 26-41.
DURUPT, M., BOUCHY, O., CHRISTOPHE, S., KIVITS, J. & BOIVIN, J.-M., 2016, La télémédecine en zones rurales : représentations et expériences de médecins généralistes, *Santé Publique*, vol. 28, no. 4, pp. 487-497.
GALLOIS, F. & RAULY, A., 2019, Le développement de la télémédecine au prisme des référentiels de politiques publiques Une cartographie de trois nations européennes, *Revue Politiques et Management Public*, vol. 36, no. 3, Juillet-Septembre, pp. 275-295.
KASSIANIDES, Y. & SEGUY, A.-A., 2011, *Étude sur la télésanté et télémédecine en Europe*. rapport de l'ASIPsanté et du FIEEC.
LASBORDES, P., 2009, *La télésanté : un nouvel atout au service de notre bien-être*. Paris: rapport remis au ministre de la Santé et des Sports.
LAUDE, A., 2005, Les médecins et les malades face au droit, *Revue française d'administration publique*, no. 113, pp. 113-122.
LAUDE, A., 2009, Dix ans de droit de la santé, *Les tribunes de la Santé*, vol. 4, no. 25, pp. 51-62.
LUCAS, J., 2014, Vade-mecum : télémédecine de l'Ordre national des médecins, *European Research in Telemedicine / La Recherche Européenne en Télémédecine*, vol. 3, pp. 141-149.
MASCRET, C., 2008, Les données de la science face à leur normalisation par les autorités sanitaires, *Médecine & Droit*, vol. 93, pp. 165-171.
MATHIEU-FRITZ, A. & ESTERLE, L., 2013, Les transformations des pratiques professionnelles lors des téléconsultations médicales. Coopérations interprofessionnelles et délégation des tâches, *Revue française de sociologie*, vol. 54, no. 2, pp. 303-329.
OMS, 1997, *A health telematics policy in support of WHO's Health-For-All strategy for global health development*, report of the WHO group consultation on health telematics.
RAPOSO, V.L., 2016, Telemedicine: The legal Framework (or the lack of it) in Europe, *GMS Health Technology Assessment*, vol 12.
RAULY, A., 2016, *Gouverner la télémédecine. Analyse institutionnaliste d'une nouvelle pratique médicale*, Thèse de doctorat en sciences économiques. Université de Reims Champagne-Ardenne.

SCHWEITZER, L., 2012, Le DMP ou comment constituer un gigantesque fichier des données de santé, *Revue Terminal*, no. 111.
SIMON, P. & ACKER, D., 2008, *La place de la télémédecine dans l'organisation des soins*. rapport de la Direction Générale de l'Hospitalisation et de l'Organisation des Soins pour le Ministère de la santé et des Sports.
THORIGNY, M., 2018, Le développement de la télémédecine, une question de financement ? Un éclairage par l'analyse lexicométrique du discours parlementaire, *Journal de gestion et d'économie médicales*, vol. 36, no. 4, pp. 181-200.

INTRODUIRE LA TELESANTE A L'HOPITAL. OBSERVATIONS SOCIOLOGIQUES DANS UN SERVICE ONCOLOGIE

Adrien DEFOSSEZ
LISST, UMR 5193
Ecole d'ingénieurs ISIS Castres
Institut National Universitaire Champollion
adrien.defossez@univ-jfc.fr

RESUME

Dans cet article, nous analysons le processus de négociation auquel ont pris part des personnels hospitaliers dans le cadre de l'introduction d'un outil de télésanté au sein d'un service oncologie. Les observations effectuées durant la phase de « dévoilement » du dispositif ont permis d'analyser les discours incitatifs produits par les médecins promoteurs de la solution numérique afin de mobiliser le personnel, notamment les infirmiers et les secrétaires médicales. A cet égard, il est intéressant de noter la manière dont l'argument du bien-être des malades est mis à profit pour exiger la participation de chacun. Les interactions mettent également en lumière des enjeux portant sur la redéfinition des tâches et des frontières professionnelles au sein du service.

Mots-clés : télésanté, ordre négocié, division du travail hospitalier, observations sociologiques, oncologie.

ABSTRACT

Integrating telehealth into hospital. Sociological observations in an oncology department.

In this article, we analyze the negotiation process in which hospital staff took part in the context of the introduction of a telehealth service in an oncology department. We made sociological observations during the phase of "disclosure" of the technological device. Then we analyze the medical discourse promoting the digital solution in order to mobilize staff, especially nurses and medical secretaries. In this regard, it is interesting to note that doctors use the argument of the patients' well-being to demand the contribution of all staff. The interactions also highlight issues relating to the redefinition of tasks and professional boundaries within the department.

Keywords: telehealth, negotiated order, hospital division of labour, sociological observations, oncology.
JEL Codes : O33, I10.

INTRODUCTION

Depuis le début des années 2000 et le *virage ambulatoire* (Bonneville, 2007), la France affiche une volonté politique de développement des services de télésanté sur le territoire. La télésanté, qui représente les activités de santé exécutées à distance au moyen des technologies de l'information et de la communication (TIC)[33], est depuis longtemps envisagée comme un ensemble de solutions devant permettre de faire face à certaines problématiques auxquelles est confronté le système de santé, comme celles relatives à la maitrise des dépenses de santé ou à la désertification médicale. Par exemple, certains dispositifs de suivi de patients à distance par des professionnels de santé (que l'on nomme télésurveillance dans le cadre d'actes de télémédecine) sont censés limiter le nombre de déplacements à l'hôpital tout en assurant un certain niveau de qualité de prise en charge des malades. Au gré de financements alloués depuis près de 20 ans par les pouvoirs publics, une multitude de dispositifs de télésanté ont ainsi vu le jour au sein des établissements hospitaliers.

Dans cet article, nous proposons d'analyser le processus de négociation auquel ont pris part les personnels d'un établissement hospitalier dans le cadre de l'introduction d'un dispositif de télésanté au sein de leur service. Cette solution devait permettre aux patients atteints de cancer, de retour à leur domicile après une séance de chimiothérapie, de poser des questions au personnel soignant à l'aide d'un site internet dédié. A travers l'étude de ce cas, il va s'agir dans cet article d'apporter un éclairage sur la phase de « dévoilement » des solutions de télésanté qui occasionne déjà, parmi les personnels hospitaliers, des échanges au sujet

[33] Depuis la loi française du 24 juillet 2019 relative à l'organisation et la transformation du système de santé, la télésanté est comprise comme un ensemble regroupant la télémédecine (pour les personnels médicaux) et le télésoin (pour les pharmaciens et les auxiliaires médicaux). C'est cette définition de la télésanté que nous retiendrons dans cet article.

de la redéfinition des tâches et de la nouvelle division du travail qui pourrait en découler. Quelles stratégies les promoteurs de ces technologies mettent-ils en place pour inciter le personnel soignant à s'impliquer ? Quelles réticences à l'introduction de ces outils peuvent apparaitre ? Quels enjeux autour de la reconfiguration du travail de prise en charge des malades ces discussions mettent-elles en exergue ?

Dans un premier temps, je présenterai le cadre théorique et la méthodologie mobilisée pour cette recherche. Après avoir rappelé le contexte national et local dans lequel s'inscrit le dispositif de télésanté qui a été introduit au sein de ce service oncologie, je décrirai ensuite les fonctionnalités de l'outil qui, selon l'objectif annoncé par l'oncologue en charge du projet, doit permettre d'assurer un meilleur suivi des malades. La deuxième partie présentera les discours incitatifs produits par les tenants du dispositif afin de mobiliser le personnel. A cet égard, il est intéressant de noter la manière dont l'argument du bien-être des malades est mis à profit pour exiger la participation de chacun. Enfin, nous verrons que les interactions qui suivent l'annonce du déploiement prochain de la solution mettent en exergue des enjeux autour de la redéfinition des tâches dévolues aux différents professionnels, spécialement au personnel infirmier.

1. APPREHENDER L'INTRODUCTION DE LA TELESANTE A L'HOPITAL A TRAVERS LES INTERACTIONS SOCIALES

Comme le notaient Mathieu-Fritz et Esterle en 2013, « *Les sciences sociales se sont emparées de façon encore limitée de la télémédecine. La grande majorité des publications sur le sujet concernent ses dimensions techniques, cliniques et économiques, tandis que la satisfaction des usagers est étudiée au moyen d'enquêtes quantitatives* » (Mathieu-Fritz et Esterle, 2013, p321). Pour autant, dès le début des années 2000, des premiers travaux de sciences sociales exposent l'implication du déploiement des technologies de télésanté au niveau organisationnel. En s'appuyant sur des entretiens réalisés auprès de professionnels participant à des activités de télémédecine, Aas indiquait ainsi dans un article de 2001 que le déploiement de ces technologies entraine des transformations au niveau de l'organisation du travail et contribue à modifier le système d'information existant. La focale organisationnelle ne constitue qu'un des points d'entrée dans l'étude du déploiement des outils de télésanté puisque, comme l'indiquent Mathieu-Fritz et Gaglio dans leur riche revue de littérature de sciences sociales portant sur la télémédecine, les enjeux associés à l'intégration et à l'utilisation de ces services dans les établissements de soins sont multiples : ils concernent tout autant les aspects économiques du système de santé que les problématiques relatives aux modes de prise en charge des malades, à l'activité de soin en tant que telle, aux frontières professionnelles, etc. (Mathieu-Fritz et Gaglio, 2018, p29).

S'intéressant à ces technologies en tant qu'innovation, certains auteurs se sont concentrés sur l'étude des configurations sociotechniques impliquant acteurs et actants, selon les termes employés par la sociologie de l'acteur-réseau (Akrich et al., 2006). C'est en partie cette sociologie qu'ont mobilisée, pour les cas français, Bili, dans le cadre de son travail de recherche portant sur le développement de la télémédecine à domicile (Bili, 2012), et Galgio qui a analysé quant à lui l'échec d'une expérimentation en télémédecine d'urgence (Gaglio, 2018). Ce type de travaux insiste sur l'imbrication entre logique sociale et logique technique caractérisant le processus d'innovation. Au niveau de l'analyse des usages développée dans le cadre des *Science and Technology Studies*, Akrich et Méadel rappellent la nécessité d'étudier ces technologies dans les contextes dans lesquels elles sont utilisées et non pas en faisant abstraction du fait que « *dans toute technologie est inscrite une certaine définition plus ou moins figée de l'organisation dans laquelle elle est appelée à être utilisée, de la répartition des compétences et des capacités d'action des différents acteurs supposés s'en saisir, de l'environnement technicomatériel qui lui permettra de fonctionner* » (Akrich et Méadel, 2004, p12). Cette approche a donné lieu à une remarquable littérature sur la télésanté comme en attestent les travaux développés par Mort (Mort et al., 2009 ; Mort et al., 2012), Nicolini (2006), Oudshoorn (2008) ou encore Pols (Pols, 2018 ; Pols et Willems, 2011) pour ne citer que quelques auteurs.

Notre questionnement autour du processus de négociation entre personnels hospitaliers nous conduit à mobiliser une autre approche, non pas tournée vers les usages de la technologie mais spécifiquement centrée sur les interactions sociales. On considèrera effectivement que l'introduction de telles technologies au sein de l'hôpital participe à modifier le travail d'articulation effectué par les professionnels de santé (Strauss, 1992), c'est-à-dire le travail qui vise à organiser les différentes tâches concourant à la prise en charge des patients. Ce travail d'articulation est « négocié » entre les soignants, selon la terminologie employée par Strauss et ses collègues lorsqu'ils proposent le concept d'ordre négocié (Strauss et al., 1963). D'après Strauss, la vie d'une organisation telle qu'un établissement hospitalier est caractérisée par un jeu de négociations et de « marchandages » continu auquel prennent part les différentes catégories de personnel ainsi que les malades dans le cadre d'interactions régulières. De ce point de vue, Mathieu-Fritz et Esterle (2013) présentent la manière dont l'utilisation d'un dispositif de téléconsultation en gérontologie vient transformer la division du travail médical ainsi que les relations entre professionnels et avec les patients. L'observation des interactions conduit notamment les auteurs à constater une délégation des tâches ainsi qu'une diffusion des savoirs médicaux et des pratiques, principalement des spécialistes vers les professionnels généralistes impliqués dans le dispositif. Du côté des malades, Mayère montre en quoi le déploiement d'un outil de télésurveillance au domicile a entrainé une recomposition du « travail du patient », notamment parce que le dispositif impose au malade une participation renouvelée en ce qui concerne l'organisation de sa propre prise en charge (Mayère, 2018).

Dans notre recherche, il ne s'agira pas d'étudier les interactions liées à l'utilisation effective de l'outil de télésanté mais les interactions entre professionnels avant même que l'outil ne soit déployé. Plus particulièrement, il s'agira de traiter d'une phase spécifique de la mise en place de la technologie, celle du « dévoilement », en référence à la phase de déploiement (Mathieu-Fritz et Gaglio, 2018, p34), c'est-à-dire la période venant en amont de l'installation du service de télésanté au sein du service et de son utilisation par les professionnels. Si les travaux montrent que la phase de déploiement, au moment où le service de télésanté nouvellement introduit commence à être utilisé, engendre des stratégies d'adaptation de la part des acteurs (Van Hout et al., 2018), des démarches de délégation des tâches et de coopération (Esterle et al., 2011), potentiellement des résistances (May et al., 2001 ; Taylor et al., 2014), il apparait également intéressant d'étudier les interactions entre professionnels à ce sujet alors même que le dispositif n'est pas encore actif. A certains égards, notre article fait écho aux travaux séminaux de Hughes (1996), puis à ceux plus récents d'Arborio (1995) et d'Acker (2005), en ce qu'il aborde la question de la délégation des tâches et des reconfigurations du travail des soignants. Nous considérons que la répartition des « tâches numériques » ainsi que les formes nouvelles du travail des soignants induites par la technologie de télésanté prochainement intégrée se négocient et que ce processus de négociation peut être appréhendé à travers l'observation des interactions directes au sein du service concerné.

Encadré méthodologique : observer les interactions sociales à l'hôpital

Les résultats présentés ici reposent sur l'analyse de notes de terrain rédigées à partir d'observations directes effectuées en milieu hospitalier. En procédant par observation, on suppose que la division du travail au sein de l'hôpital n'est pas établie une fois pour toute, figée, mais qu'elle se construit sur la base des interactions entre les acteurs prenant part au processus, pour le dire autrement, qu'elle se négocie. Suivant Arborio, on considèrera que « *l'observation d'interactions directes permet de comprendre des actions collectives et des processus sociaux et que le sens vécu par les agents, tel qu'il se donne à voir dans la situation observée, joue un rôle dans ces processus* » (Arborio, 2007).

L'enquête de terrain effectuée au sein du service oncologie d'un centre hospitalier de taille moyenne s'est déroulée au total sur deux années. Celle-ci visait à analyser les modalités de recherche d'information de santé de la part des malades atteints de cancer, notamment dans le cadre de la relation soignant-soigné. Les résultats que nous produisons dans cet article portent uniquement sur les observations effectuées durant les trois premiers mois passés au sein de ce service. Tout en ayant la possibilité d'acquérir une connaissance de l'organisation des soins en oncologie et de se familiariser avec le jargon technique et médical, ces premiers mois ont été l'occasion d'observer, au plus près du personnel hospitalier, la phase de dévoilement d'un dispositif de télésanté développé dans le cadre du travail de suivi des patients de retour à leur domicile après une séance de chimiothérapie.

L'entrée sur le terrain a eu lieu quelques jours avant l'annonce officielle de l'introduction future de l'outil. A partir de ce moment, nous avons « pisté » les discours se rapportant à ce sujet et axé notre attention sur les implications de ce changement à venir concernant le travail des soignants. En tant que sociologue « en observation » durant cette période, nous avons ainsi eu la possibilité d'examiner le travail réalisé par les médecins et infirmiers au niveau du suivi des patients, d'observer des interactions quotidiennes au sein du service, lors de réunions d'équipe formelles mais également au cours de discussions informelles entre les différents personnels, et d'assister aux deux formations d'utilisation de la solution de télésanté mises en place auprès des infirmiers et secrétaires médicales.

2. UNE SOLUTION S'INSCRIVANT DANS LE CADRE D'UNE POLITIQUE DE DEVELOPPEMENT DE LA TELESANTE

Le projet visant à développer et intégrer une solution de télésanté au sein du service oncologie a constitué, pour le centre hospitalier concerné, une opportunité s'inscrivant dans un contexte à la fois de numérisation de l'hôpital et d'évolution des modes de prise en charge des patients. Au niveau national, le mouvement de numérisation de l'hôpital, qui s'est manifesté en matière d'agenda politique par *la stratégie nationale de déploiement de la télémédecine* (2011) et le programme *Hôpital numérique* (2012), a débuté quelques années auparavant à travers notamment le lancement du dossier patient informatisé et le déploiement de dispositifs de télésanté et télémédecine dans divers centres hospitaliers[34]. Localement, le territoire concerné, qui s'est positionné depuis plusieurs années déjà sur le numérique en en faisant un de ses axes forts de croissance, voit dans le futur établissement hospitalier alors en construction une occasion d'obtenir des financements de la part de l'Etat pour développer des projets alliant numérique et santé. En parallèle, au niveau de l'organisation des soins, on constate que les modes de prise en charge des malades évoluent vers des dispositifs

[34] Pour une description plus détaillée du contexte institutionnel de développement de la télésanté en France, voir Gaglio et Mathieu-Fritz (2018).

« hors-hôpital », comme l'hospitalisation à domicile et l'ambulatoire (Carricaburu et Ménoret, 2010). En matière de santé, les outils numériques sont alors perçus comme des solutions permettant d'accompagner ce virage ambulatoire (Bonneville, 2007).

C'est dans ce contexte favorable qu'une des oncologues du centre hospitalier propose de développer une solution de télésanté à destination des patients atteints de cancer pris en charge dans son service. Le projet, qui sera financé par les instances de développement territorial ayant obtenu des subventions de la part de l'Etat, ambitionne de « rompre l'isolement du patient » et d'améliorer la qualité de prise en charge des malades. Il s'agit de créer un site internet sécurisé assurant le lien entre l'hôpital et le patient de retour à son domicile. Au sein du service oncologie, le traitement par chimiothérapie s'effectue essentiellement en ambulatoire ce qui implique des séances de chimiothérapie régulières à l'hôpital pour le malade (une séance toutes les deux ou trois semaines sur plusieurs mois, selon les protocoles de soins). Le département oncologie de cet hôpital est composé de trois oncologues (trois femmes), deux secrétaires médicales, une cadre de santé, une dizaine d'infirmiers (un seul homme) et une psychologue. Il accueille une dizaine de patients par jour pour ce qui est des soins de chimiothérapie ambulatoire. La solution de télésanté a alors été imaginée dans le but de maintenir le lien entre le personnel soignant du service et le patient et ainsi assurer un meilleur suivi du malade lorsque ce dernier est de retour à son domicile, par exemple pour surveiller l'apparition d'effets indésirables liés au traitement de chimiothérapie.

L'outil, initialement modélisé et maquetté par des élèves d'une école d'ingénieurs située à proximité de l'hôpital dans le cadre d'un projet étudiant, est finalisé par une entreprise proposant des solutions numériques. Son développement est entièrement financé par des subventions publiques. Le dispositif s'adresse aux patients atteints de cancer pris en charge au sein de ce centre hospitalier, aux personnels du service oncologie mais également aux médecins traitants des malades concernés. A l'aide d'un identifiant et d'un mot de passe personnel qui sera fourni par le service hospitalier à chaque patient disposant d'une connexion internet à son domicile et souhaitant bénéficier de l'outil, les malades de retour chez eux auront la possibilité de se connecter au service numérique. Une fois identifié, le site proposera trois fonctionnalités différentes. Un « pilulier virtuel », tout d'abord, qui permettra au patient d'avoir accès à la posologie relative à son traitement. Ce dernier pourra donc vérifier quels médicaments lui ont été prescrits par l'oncologue, le mode d'administration ainsi que les horaires de prise. Le malade aura ensuite accès au calendrier de ses rendez-vous à l'hôpital (consultations médicales, séances de chimiothérapie, etc.). Enfin, une fonctionnalité « messagerie » permettra au malade de poser des questions au personnel hospitalier. Le patient pourra choisir d'adresser son message à quatre types de destinataires différents : les oncologues, les infirmiers[35], les secrétaires médicales et la psychologue.

Envisagée comme la fonctionnalité phare du dispositif, la messagerie sécurisée donnera l'opportunité aux patients d'évoquer, à distance, avec le personnel du service des sujets aussi divers que les effets secondaires, l'efficacité du traitement, les douleurs, l'alimentation, les problèmes d'ordre psychologique, les demandes de changement de rendez-vous, etc. Du côté du département oncologie, le personnel disposera également d'un identifiant et d'un mot de passe. La connexion au site internet se fera via les ordinateurs du service afin de répondre aux questions posées par les patients. Si un personnel considère que la demande qui est adressée par un malade n'est pas destinée à son groupe professionnel, il aura la possibilité de la transférer vers un autre groupe qui sera davantage en mesure de répondre. Les médecins traitants qui le souhaitent pourront également se connecter au site et lire les informations se rapportant à leurs patients ainsi que les échanges de messages avec le personnel hospitalier.

L'oncologue à l'origine du projet a été le seul personnel du service impliqué durant les différentes phases de développement de la solution qui s'étendent sur plus d'une année, de la spécification des besoins à l'élaboration d'une première version. Il endosse le rôle de médecin-coordinateur, en charge du cadrage technique et organisationnel du projet ayant notamment pour but de favoriser la coordination entre les acteurs (Mathieu-Fritz et Gaglio, 2018, p40). Si les deux autres oncologues du service sont tenues informées de l'avancée du projet, le reste du personnel n'apprendra l'existence de celui-ci, de manière informelle, que quelques semaines avant son dévoilement officiel. La démonstration effectuée par l'entreprise chargée du déploiement de la solution sera suivie de deux sessions de formation à l'utilisation de l'outil proposées au personnel infirmier et aux secrétaires du service. Trois mois plus tard, l'outil numérique enregistrait les connexions des premiers patients. Ces quelques mois précédant la mise en service du dispositif, qui représentent ce qu'on a nommé la phase de dévoilement, ont suscité de nombreux échanges formels et informels au sein du service oncologie.

[35] Dans cet article, le genre masculin est utilisé pour désigner les infirmiers et infirmières.

3. DISCOURS INCITATIFS ET STRATEGIES D'ENROLEMENT

3.1. Le dispositif présenté comme favorisant l'organisation du travail des soignants

L'analyse des interactions entre personnels hospitaliers nous a tout d'abord conduit à identifier les discours incitatifs émis par les oncologues du service, notamment l'oncologue en charge du projet, et relayés par la cadre de santé qui encadre l'équipe paramédicale, en vue de susciter parmi les personnels un engagement indispensable au bon fonctionnement du dispositif. Indiquons que la participation du personnel n'est pas obligatoire, dans le sens où l'utilisation de la solution de télésanté ne fait pas partie des missions professionnelles des différents personnels du service et que ceux-ci n'encourent aucune sanction formelle en cas de refus de contribuer à son fonctionnement. Il apparait alors nécessaire pour les oncologues de susciter l'engagement du personnel dans cet outil de télésanté afin notamment que la nouvelle charge de travail qu'il induit, à savoir informer les patients de l'existence de la solution, les former, répondre aux messages écrits et compléter le planning des rendez-vous, soit assuré au sein du service. Une des difficultés pour les promoteurs du dispositif et notamment pour l'oncologue à l'initiative de ce système réside dans le fait qu'aucun financement n'a été obtenu pour dégager du temps de travail aux personnels du service oncologie qui devront pourtant se connecter régulièrement aux postes informatiques afin de faire fonctionner l'outil, ne serait-ce que pour répondre aux questions posées par les malades.

Les discours produits par les oncologues et la cadre de santé mettent alors l'accent sur la charge de travail allégée pour les infirmiers qu'engendrerait l'utilisation de cette solution de télésanté dans le cadre du suivi des malades. L'argument repose ici sur l'hypothèse d'une diminution du nombre d'appels téléphoniques arrivant dans le service oncologie, notamment les appels provenant des malades « hors hôpital » qui « dérangent » les infirmiers et oncologues dans leurs tâches quotidiennes au sein de l'établissement. Ces malades seraient alors incités à poser leurs questions via la messagerie ce qui permettrait aux personnels soignants d'organiser leur temps de réponse plutôt que d'être tenus de prendre *ex tempore* les appels téléphoniques des patients dont ils ne peuvent, par ailleurs, anticiper la durée. Souhaitant disposer de mesures permettant d'évaluer l'efficacité du dispositif, l'oncologue avait d'ailleurs imaginé établir un indicateur basé sur le nombre d'appels téléphoniques provenant de patients « hors hôpital » mais, de crainte que le personnel infirmier et les secrétaires médicales refusent d'effectuer cette tâche de recensement, elle n'en avait pas parlé aux personnels lors des premières réunions. Elle fut ainsi soulagée qu'une secrétaire propose, au détour d'une discussion portant sur l'évaluation de la solution de télésanté, d'afficher un tableau près des deux postes téléphoniques du service afin que le personnel relève quotidiennement les appels de patients. Cette proposition fut adoptée par l'équipe et quelques semaines plus tard, avant même l'intégration des premiers patients dans le dispositif de télésanté, les appels des malades, qui ne dépassent jamais le chiffre de dix par jour, étaient renseignés sur les deux tableaux.

Au cours des réunions ayant suivi la présentation du dispositif, l'oncologue porteuse du projet vantera ainsi le caractère asynchrone des échanges entre patients et soignants proposé par cette technologie, dans le sens où ceux-ci s'avèreront moins chronophages pour ces derniers, afin d'inciter le personnel à s'impliquer. Ce discours relatif à l'avantage procuré par les TIC au niveau de l'organisation des tâches n'est pas nouveau, il accompagne ainsi fréquemment le déploiement de solutions dans les organisations, y compris dans le secteur de la santé (Grosjean et Bonneville, 2007). Les TIC, de manière générale, permettraient aux professionnels de se concentrer sur les tâches qui constituent le cœur de leur activité, c'est-à-dire le travail médical ou de soin, en leur faisant gagner du temps sur les « tâches annexes ». Répondre aux demandes des patients « hors hôpital » constitue bien une tâche annexe pour les infirmiers et oncologues dans le sens où leur objectif principal au cours de la journée est de prendre en charge les malades présents quelques heures au sein de l'établissement pour une consultation ou une séance de chimiothérapie.

3.2. Promouvoir la solution de télésanté en axant les discours sur le bien-être des malades

Malgré cette hiérarchisation des tâches, aucun soignant ne doute de l'importance que revêt ce travail informationnel et relationnel effectué auprès des patients sortis de l'hôpital. Ainsi, c'est avant tout l'argument du bien-être du malade qui est avancé par les médecins pour convaincre le personnel d'utiliser l'outil. Le service de télésanté est en effet annoncé comme permettant de rompre l'isolement du patient de retour à son domicile et de maintenir le lien soignant-soigné par-delà les murs de l'hôpital. Même si certains travaux ont pu montrer que ces modes de prise en charge « hors hôpital » ont tendance à reproduire au domicile du malade une partie des contraintes qu'il peut endurer en institution (Defossez et Ducournau, 2015), les individus indiquent généralement une préférence pour une prise en charge en ambulatoire plutôt qu'une hospitalisation classique en établissement. Pour autant, cet éloignement de l'hôpital peut être source d'angoisse pour les patients qui, dans un contexte de maladie grave et complexe, souhaitent obtenir rapidement des réponses à leurs questions de la part des soignants qui les suivent. Le lien hôpital-patient, sans être rompu, ne tient plus alors qu'à un « coup de fil » que peut passer le malade, s'il ne craint pas de déranger le personnel du service occupé avec les patients présents sur place pour leur séance de chimiothérapie. De ce point de vue-là, le dispositif de télésanté développé peut être présenté comme une réponse à un besoin d'information ou, plus simplement, au souhait exprimé par les malades de se sentir accompagnés par l'hôpital, y compris lorsqu'ils se trouvent à leur domicile.

En s'appuyant sur les potentiels effets bénéfiques de la solution au niveau de la qualité du suivi des malades, les partisans du dispositif utilisent alors à leurs propres fins les critiques fréquemment émises par le personnel soignant quant à l'évolution de leurs métiers qui tendrait à rendre plus difficile le travail relationnel effectué auprès des patients et de leurs proches, notamment du fait des contraintes organisationnelles (Marche, 2013). En effet, face à une limitation de la présence des malades au sein de l'établissement et à des temps d'échanges de plus en plus courts avec ces derniers, les personnels soignants ressentent une dégradation de la qualité de la prise en charge des malades, si ce n'est au niveau des soins prodigués, au moins en ce qui concerne « le travail sur les sentiments » (Strauss et al., 1982). Au cours des échanges, l'argument du bien-être des malades apparaitra à maintes reprises comme le bénéfice incontestable du dispositif, permettant à ses défenseurs de couper court à toute discussion qui pourrait venir remettre en cause le bien-fondé de la décision d'intégrer cette solution de télésanté au sein du service.

En lien avec ces arguments, le caractère innovant en tant que tel de la solution fait également partie des éléments de discours en faveur du dispositif en ce qu'il participerait à une modernisation des pratiques au sein du service oncologie. Cet argument rejoint la rhétorique fréquemment utilisée dans le cadre de la numérisation de l'hôpital qui permettrait d'améliorer la performance des établissements (Grosjean et Bonneville, 2007) à travers, par exemple, la production de statistiques relatives à l'activité hospitalière, le perfectionnement du stockage et des échanges d'informations, la constitution d'un véritable réseau de santé territorial connecté ou encore la possibilité d'assurer un meilleur suivi du malade. Mais plutôt que de s'appuyer sur les discours productivistes qui sont parfois avancés pour promouvoir ces solutions comme l'avait noté Bonneville (2005), l'oncologue cherche avant tout à valoriser les changements de pratiques qu'entrainerait l'utilisation du dispositif. Il s'agit en effet de signaler que le personnel infirmier comme les secrétaires médicales, en modifiant leurs pratiques, participent à une sorte de progrès médical guidé par les TIC. La plus grande autonomie « offerte » à ces personnels au niveau de la gestion de leurs tâches, alliée à une meilleure qualité de suivi des malades, contribuerait alors à renvoyer l'image d'un service hospitalier à la pointe de la modernité en matière d'organisation de la prise en charge des malades. Ce point n'est pas anodin pour des soignants exerçant au sein d'un centre hospitalier de taille moyenne situé en zone rurale et qui doit faire face à la « concurrence » de l'établissement anti-cancer de la métropole voisine. Ce dernier, qui renvoie une image d'établissement fournissant des soins de haute qualité et qui a la possibilité de proposer davantage de services d'accompagnement aux malades, « capte » une partie des patients vivant pourtant à proximité du centre hospitalier de taille moyenne. En insistant sur cet élément, l'oncologue cherche ainsi à convaincre le personnel du service que le dispositif de télésanté permettra de valoriser, auprès des patients actuels mais aussi auprès de la population locale, le travail effectué au sein du département oncologie.

4. LA REDEFINITION DES TACHES ET DES FRONTIERES PROFESSIONNELLES AU CŒUR DU PROCESSUS DE NEGOCIATION

4.1. Les craintes du personnel infirmier face à un travail relationnel renouvelé

Si les oncologues, la psychologue et la cadre de santé se montrent favorables à la solution de télésanté, du côté du personnel infirmier et des secrétaires médicales, l'annonce du dispositif et la présentation des fonctionnalités de l'outil sont accueillies de façon plus hétérogène. Certains perçoivent dans le déploiement du dispositif l'occasion d'accroitre leur domaine d'expertise. C'est le cas d'un jeune infirmier à l'aise avec les nouvelles technologies qui s'engage immédiatement en faveur de l'outil, participe à chaque réunion et cherche des solutions aux difficultés relatives à l'organisation du travail infirmier que pose l'utilisation du dispositif. Une des infirmières, quant à elle, montre rapidement son hostilité. Sans indiquer clairement son refus d'utiliser cette technologie, elle se montre critique dans ses questions, laissant entendre notamment qu'il sera difficile d'accomplir les différentes tâches engendrées par le déploiement du dispositif, compte tenu de journées de travail ne laissant que peu de liberté au personnel infirmier. Elle n'assistera pas à certaines réunions portant sur l'intégration prochaine du dispositif. Cependant, la grande majorité du personnel infirmier accepte les demandes de participation de l'oncologue en charge du projet à la mise en place de l'outil au sein du service, sans grand enthousiasme mais également de manière non-critique. Ceux-ci s'attachent essentiellement dans leurs questionnements aux aspects concrets de l'utilisation de cette technologie en demandant par exemple, lors des formations, s'il est encore possible de modifier l'affichage des onglets que propose l'outil numérique. Mais d'autres sollicitations, qui peuvent à première vue paraitre justifiées par la recherche d'un usage optimal de l'outil de la part du personnel, renvoient à des enjeux relatifs à la redéfinition du travail d'infirmier au sein du service et, par-là, de ses frontières avec les autres catégories de personnel.

Deux tâches à réaliser par le personnel du service dans le cadre du fonctionnement du dispositif peuvent illustrer ces enjeux. La première concerne le fonction messagerie de l'outil de télésanté. La messagerie constitue le cœur du dispositif en permettant aux patients de retour à leur domicile de continuer à échanger avec les professionnels de santé et vise ainsi à maintenir une certaine proximité avec les soignants malgré la sortie des murs de l'hôpital. Les réponses que les soignants vont devoir apporter aux questionnements des malades constituent une tâche s'insérant dans le travail relationnel et de surveillance effectué auprès des patients pris en charge en ambulatoire. Si le personnel infirmier se trouve au cœur des négociations relatives au dispositif de télésanté prochainement déployé, c'est que celui-ci suppose un profond changement en ce qui concerne ce travail effectué auprès de ces patients « hors-les-murs ».

Ce travail relationnel, qui constitue une des grandes fonctions du travail infirmier (Loriol, 2003), se pratiquera désormais en priorité à travers l'interface numérique lorsque les patients seront de retour à leur domicile. En 2005, Acker avait montré comment les infirmiers devaient faire face à de « *nouvelles façons d'effectuer des tâches d'information et de surveillance* » en raison du développement des courts séjours à l'hôpital et de l'ambulatoire (Acker, 2005). Il s'agissait alors pour ces personnels de se former à la conduite d'entretiens téléphoniques avec les patients. Avec l'introduction de ce dispositif de télésanté, ces entretiens téléphoniques devraient laisser place à des échanges écrits, or le personnel infirmier est peu habitué à ce mode de communication avec les malades. Il s'agit donc d'une nouvelle compétence à acquérir pour la plupart des auxiliaires médicaux. Les nombreuses questions et remarques formulées par le personnel infirmier lors des réunions concernant « les bonnes manières » d'écrire aux patients indiquent leurs craintes concernant ce changement de pratiques qui contribue notamment à accroitre les « traces » relatives au suivi des malades (Mayère et Grosjean, 2016). La façon de signer les messages a ainsi fait l'objet d'une longue discussion entre les personnels. Il s'agissait de savoir si les infirmiers devaient signer leurs réponses par leur nom ou par l'appellation générique : « groupe infirmier ». L'oncologue en charge du projet a finalement opté pour la première solution, concluant que les patients préfèreront surement savoir avec quel infirmier ils conversent. Si l'on peut effectivement penser que ce choix apparait préférable pour les malades désireux d'identifier leur interlocuteur, on peut également souligner que cette option, en permettant de déterminer exactement « quel personnel a fait quoi », satisfait parfaitement aux exigences de rationalisation et d'évaluation des activités hospitalières portées par les nouveaux modes d'organisation (Belorgey, 2010 ; Bertillot, 2017).

Par ailleurs, plus que des interrogations concernant l'intelligibilité des questions transmises par les malades et la formulation des réponses à donner, c'est l'évolution de la nature du travail relationnel qui préoccupe le personnel infirmier : il va désormais falloir assurer cette tâche auprès du patient atteint de cancer, avec toute l'empathie que cela nécessite, non plus en présence du malade, non plus par téléphone, mais à l'aide d'un support numérique proposant uniquement un mode de communication écrit. Dès lors, la question se pose pour le personnel de savoir si un tel mode de communication permettra de maintenir une écoute et un accompagnement approprié des malades. Cette observation rejoint les analyses de Roux qui avait noté que l'informatisation et la « *rationalisation des activités hospitalières* » (Bonneville et al., 2010) empêchait le travail émotionnel et relationnel effectué par les soignants (Roux, 2013). Ainsi, plutôt que de favoriser la relation soignant-soigné par-delà les murs de l'hôpital, comme l'espère l'oncologue en charge du projet, les infirmiers, à travers leurs questionnements, laissent entendre qu'ils redoutent une dégradation du suivi des malades, sinon sur le plan thérapeutique au moins au niveau du travail sur les sentiments qui inclut, entre autres, le travail interactionnel, biographique et le travail de confiance effectué auprès du patient (Strauss et al., 1982). Aussi, de façon paradoxale, on peut considérer que la numérisation du suivi des malades à l'œuvre au sein de ce service, bien que favorisant la production de traces, participe à une invisibilisation du travail des infirmiers (Oudshoorn, 2008), dans le sens où celui-ci s'exprime de moins en moins à travers un engagement professionnel direct, physique dans la relation de soin.

4.2. Qui pour faire le « sale boulot numérique » ?

Une deuxième tâche engendrée par l'introduction de la solution de télésanté concerne la fonction « agenda » de l'application. A travers cette fonction, les patients vont avoir accès au calendrier de leur rendez-vous à l'hôpital pour des consultations ou des séances de chimiothérapie. Cet agenda numérique viendra s'ajouter à la version papier du calendrier dont les malades disposent dans leur « carnet de liaison ». Cette tâche d'écriture du planning peut être considérée comme du *sale boulot*, selon la formule de Hughes (Hughes, 1996), dans le sens où elle est dévalorisée et ne constitue pas un travail de soin, dans l'acception la plus noble du terme (Lhuilier, 2005). La question est de savoir quelle catégorie de personnels aura la charge de compléter cet agenda numérique pour chacun des patients, tâche qui, au final, s'avère la moins valorisante parmi celles qu'impose le nouveau dispositif de télésanté.

A ce jour, les infirmiers du service établissent le calendrier des séances de chimiothérapie du patient en fonction du protocole de soin décidé par l'oncologue référent puis, les deux secrétaires médicales retranscrivent les dates de rendez-vous dans le carnet de liaison que le malade emporte avec lui. L'enjeu concernant la réalisation de cette nouvelle tâche à accomplir réside dans la redéfinition des frontières du travail d'infirmier et de secrétaire médicale. Au cours d'une discussion informelle, la psychologue du service indique que les secrétaires sont plutôt hostiles à cette solution de télésanté car cela leur demandera un investissement supplémentaire alors qu'elles ne se sentent pas considérées dans leur travail. Afin de signifier qu'elles n'accompliront pas cette tâche d'écriture numérique de l'agenda des rendez-vous, les secrétaires ont « séché » certaines réunions préparatoires à la mise en place de la solution de télésanté. Elles tentent ainsi d'« *échapper au sale boulot* » en limitant leur participation à la réalisation de cette tâche considérée comme non-indispensable ou non-urgente (Arborio, 1995, p.114). De leur côté, les infirmiers, qui s'attendent à devoir répondre à de nombreux messages électroniques envoyés par les malades, ne semblent pas vouloir encore ajouter ce sale boulot de réécriture du planning à leur investissement dans la solution numérique. Ainsi la division du travail numérique engendre des tensions entre infirmiers et secrétaires médicales, comme cela s'observe parfois entre le personnel infirmier et les aides-soignantes lorsqu'il s'agit d'effectuer certaines tâches les moins qualifiées, par exemple celles relatives à l'hygiène des patients (Arborio, 1995, p106).

Soucieuse de maintenir tous les personnels du service mobilisés afin de favoriser l'intégration de la solution de télésanté, l'oncologue en charge du projet n'imposera à aucun des deux groupes professionnels d'effectuer cette tâche et invitera chacun à compléter si nécessaire les informations manquantes dans l'agenda numérique des malades. Ce faisant, elle ne fait que repousser de quelques semaines la question de la délimitation des frontières professionnelles entre secrétaires médicales et personnel infirmier concernant cette tâche précise, puisque le sujet poindra à nouveau dans les discussions dès l'instant où les premiers patients seront intégrés au dispositif et que chacun constatera que l'onglet « agenda » n'affiche aucune information.

CONCLUSION

En étudiant les interactions entre personnels hospitaliers relatives à la mise en place prochaine d'une solution de télésanté au sein d'un service oncologie, nous avons tout d'abord pu mettre en évidence les discours incitatifs produits par les promoteurs du dispositif, essentiellement les médecins, envers le personnel paramédical pour les conduire à collaborer à ce qu'on peut nommer une numérisation du suivi des malades. S'il n'existe pas d'obligation de participation pour les infirmiers et les secrétaires du service, on constate tout de même que les personnels détenteurs de l'autorité administrative (la cadre de santé) et symbolique (les médecins) « imposent » par leurs discours une implication minimum de la part de chacun. Charge de travail allégée, plus grande autonomie dans la gestion des tâches à effectuer, valorisation d'une « modernisation » des pratiques professionnelles, amélioration du bien-être des malades constituent autant d'arguments développés par les promoteurs de la solution afin de favoriser le déploiement prochain de l'outil de télésanté au sein de l'hôpital.

Sur ce dernier point, il est possible de penser que les discours produits par les pouvoirs publics autour de la qualité des soins, imposant une forme de recherche continue et quasi-exclusive du bien-être des patients, exigent de manière indirecte du personnel soignant une docilité à l'égard de toute nouvelle technologie ou configuration organisationnelle qui prétendrait aller dans ce sens. De ce point de vue, on observe que les attentes du médecin en charge du projet vis-à-vis des infirmiers de son service ne sont pas éloignées de celles qu'il a envers les patients qu'il traite : comme il existe des « bons patients », on peut considérer qu'il existe des « bons infirmiers ». Dans le cadre de l'introduction de la solution de télésanté au sein de ce service hospitalier, le bon infirmier est celui qui est compliant (suit les recommandations du médecin), n'embarrasse pas le médecin avec des questions remettant en cause le bien-fondé du dispositif, et qui, une fois l'outil déployé, fait montre d'une certaine autonomie tout en respectant le cadre d'utilisation fixé par l'oncologue.

L'analyse a permis par ailleurs de mettre en exergue, en amont de la phase de déploiement du dispositif, des enjeux relatifs à la redéfinition du travail des soignants. Les infirmiers, qui sont concernés plus que tout autre personnel par cette numérisation du suivi des malades, manifestent, à travers leurs questions et remarques, leurs craintes quant à l'évolution du travail relationnel qu'ils effectuent auprès des patients. Comme certains auteurs avaient pu l'observer, la technologie tend à empêcher le travail relationnel tel que le conçoivent les soignants mais elle contribuerait également, de façon paradoxale, à son invisibilisation tout en répondant aux exigences de traçabilité commandées par les nouveaux modes d'organisation déployés à l'hôpital. Un autre enjeu porte sur la délimitation des frontières professionnelles. Au-delà des craintes liées à l'augmentation de la charge de travail occasionnée par l'introduction de cette technologie, les personnels veillent à ce que ne s'opère pas un glissement vers leur groupe professionnel de tâches considérées comme dévalorisantes. Il s'agit effectivement de ne pas se voir attribuer le « sale boulot numérique » alors même que les promoteurs du dispositif technologique prétendent qu'il permettra de décharger le personnel des tâches annexes.

L'exemple de la nouvelle tâche « agenda numérique » à affecter au sein de ce service illustre bien la complexité de la division du travail hospitalier qui échappe à toute conception d'un ordre social figé. Cette répartition des tâches engendrées par la solution de télésanté ne saurait en effet être établie en dehors d'un processus de négociations auquel participent le personnel médical, paramédical comme les profanes (ici, les secrétaires médicales), processus engagé dès la phase de dévoilement, c'est-à-dire bien en amont de l'utilisation effective du dispositif par les acteurs.

BIBLIOGRAPHIE

AAS, I.H., 2001, A qualitative study of the organizational consequences of telemedicine, *Journal of Telemedecine and Telecare*, 7, 1, 18-26.

ACKER, F., 2005, Les reconfigurations du travail infirmier à l'hôpital, *Revue française des affaires sociales*, 1, 161-181.

AKRICH, M., CALLON, M. et LATOUR, B. (Eds), 2006, *Sociologie de la traduction : textes fondateurs*, Paris, Presses des Mines de Paris.

AKRICH, M. et MEADEL, C., 2004, Problématiser la question des usages, *Sciences sociales et santé*, 22, 1, 5-20.

ARBORIO, A.-M., 1995, Quand le « sale boulot » fait le métier : les aides-soignantes dans le monde professionnalisé de l'hôpital, *Sciences sociales et santé*, 13, 3, 93-126.

ARBORIO, A.-M., 2007, L'observation directe en sociologie : quelques réflexions méthodologiques à propos de travaux de recherches sur le terrain hospitalier, *Recherche en soins infirmiers*, 90, 3, 26-34.

BELORGEY, N., 2010, *L'hôpital sous pression : enquête sur le « nouveau management public »*, Paris, La Découverte.

BERTILLOT, H., 2017, Mesurer la qualité pour transformer l'hôpital ? Analyse sociotechnique d'une discrète quantification, *Revue Française de Socio-Économie*, 19, 2, 131-152.

BILI, A.-B., 2012, La place de la télémédecine à domicile dans l'organisation du système de santé en France, Thèse de doctorat, Université de Rennes 2.

BONNEVILLE, L., 2005, La transformation des organisations de soins et du travail médical par le recours à l'information au Quebec : une analyse critique, *Communication & organisation*, 26, 201-222.

BONNEVILLE, L., 2007, La mise en place du virage ambulatoire informatisé au Québec : contexte, logiques et enjeux pour le travail médical, *Revue Sociologie santé*, 26, 351-372.

BONNEVILLE, L., GROSJEAN, S. et MAYÈRE, A., 2010, Rationalisation des organisations hospitalières : des incitations économiques aux injonctions à collaborer, *Sciences de la société*, 76, 3-12.

CARRICABURU, D. et MÉNORET, M., 2005, *Sociologie de la santé. Institutions, professions, maladies*, Paris, Armand Colin.

DEFOSSEZ, A. et DUCOURNAU, P., 2015, L'hospitalisation « hors les murs » : quel gain d'autonomie pour le patient ? Le cas de patients soignés en chimiothérapie ambulatoire, *Revue Sociologie Santé*, 38, 237-258.

ESTERLE, L., MATHIEU-FRITZ, A. et ESPINOZA, P., 2011, L'impact des consultations à distance sur les pratiques médicales. Vers un nouveau métier de médecin ?, *Revue française des affaires Sociales,* 2, 63-79.
GAGLIO, G., 2018, Échec et « potentialités collatérales » d'une expérimentation en télémédecine d'urgence, *Réseaux*, 207, 165-195.
GAGLIO, G. et MATHIEU-FRITZ, A., 2018, Les pratiques médicales et soignantes à distance. La télémédecine en actes, *Réseaux*, 207, 123-164.
GROSJEAN, S. et BONNEVILLE, L., 2007, Logiques d'implantation des TIC dans le secteur de la santé, *Revue française de gestion,* 3, 172, 145-157.
HUGHES, E. C., 1996, *Le Regard sociologique. Essais choisis.* Textes rassemblés et présentés par J.-M. CHAPOULIE, Paris, Editions de l'Ehess.
LHUILIER, D., 2005, Le « sale boulot », *Travailler*, 14, 2, 73-98.
LORIOL, M., 2003, Donner un sens à la plainte de fatigue au travail, *L'Année sociologique*, 53, 2, 459-485.
MARCHE H., 2013, « Entre personnalisation et responsabilisation : le travail relationnel "sous pression" dans les soins oncologiques », *Quaderni*, 82, 55-66.
MATHIEU-FRITZ, A. et ESTERLE, L., 2013, Les transformations des pratiques professionnelles lors des téléconsultations médicales Coopération interprofessionnelle et délégation des tâches, *Revue Française de sociologie*, 54, 2, 303-329.
MATHIEU-FRITZ, A. et GAGLIO, G., 2018, À la recherche des configurations sociotechniques de la télémédecine. Revue de littérature des travaux de sciences sociales, *Réseaux*, 207, 27-63.
MAY, C., GASK, L., ATKINSON, T., ELLIS, N., MAIR, F. et ESMAIL, A., 2001, Resisting and promoting new technologies in clinical practice: the case of telepsychiatry, *Social Science & Medicine*, 52, 12, 1889-1901.
MAYERE, A., 2018, Patients projetés et patients en pratique dans un dispositif de suivi à distance. Le « travail du patient » recomposé, *Réseaux*, 207, 197-225.
MAYERE, A. et GROJEAN, S., 2016, L'« échafaudage de soins » dans un hôpital. Un entrelacement de technologies, de conversations et d'écrits multiples, *Communication*, 31, 4.
MORT, M., FINCH, T. et MAY, C., 2009, Making and Unmaking Telepatients. Identity and governance in new health technologies, *Science, Technology & Human Values*, 34, 1, 9-33.
MORT, M., ROBERTS, C. et CALLEN, B., 2012, Ageing with telecare: care or coercion in austerity?, *Sociology of Health & Illness,* 35, 6, 799–812.
NICOLINI, D., 2006, The work to make telemedicine work: A social and articulative view, *Social Science & Medicine*, 62, 11, 2754-2767.

OUDSHOORN, N., 2008, Diagnosis at a distance: the invisible work of patients and healthcare professionals in cardiac telemonitoring technology, *Sociology of Health & Illness,* 30, 2, 272-288.
POLS, J., 2018, Fabuleuses webcams: Regards actifs et technologies invisibles, *Réseaux*, 207, 1, 65-94.
POLS, J. et WILLEMS, D., 2011, Innovation and evaluation: taming and unleashing telecare technology, *Sociology of Health & Illness*, 33, 3, 484–98.
ROUX, A., 2013, Rationalisation des émotions dans les établissements hospitaliers : pratiques des soignants face à un travail émotionnel empêché, *Communiquer*, 8, 81-98.
STRAUSS, A. L, 1992, *La trame de la négociation. Sociologie qualitative et interactionnisme*, textes réunis et présentés par I. BASZANGER, Paris, L'Harmattan.
STRAUSS, A., SHATZMAN, L., EHRLICH, D., BUCHER, R. et SABSHIN, M., 1963, The hospital and its negotiated order, in E. FREIDSON (dir.), *The hospital in modern society*, New York, The Free Press, 147-168.
STRAUSS, A., FAGERHAUGH, S., SUCZEK, B. et WIENER, C., 1982, Sentimental work in the technologized hospital, *Sociology of Health and Illness*, 4, 3, 254-278.
TAYLOR, J., COATES, E., BREWSTER, L., MOUNTAIN, G., WESSELS, B. et HAWLEY, M. S., 2014, Examining the use of telehealth in community nursing: identifying the factors affecting frontline staff acceptance and telehealth adoption, *Journal of advanced nursing*, 71, 2, 326-337.
VAN HOUT, A., WILLEMS, D., HETTINGA, M. et POLS, J., 2018, Pourquoi les attentes suscitées par la télésurveillance sont souvent déçues : Étude ethnographique d'un dispositif de télésuivi infirmier en soins palliatifs, *Réseaux*, 207, 1, 95-121.

LA GOUVERNANCE HOSPITALIERE A L'HEURE DU BIG DATA

Nathalie CONAN-BROSSIER
Vallorem – Université d'Orléans
nathalie.brossier@univ-orleans.fr

RESUME

Alors que le Big Data et l'intelligence artificielle révolutionnent les pratiques médicales (diagnostiques et curatives) à grand bruit, tant dans la communauté scientifique qu'auprès du public, leur usage dans le domaine de la gestion des structures de soin reste confidentiel.

Dans un contexte budgétaire contraint, ces grandes masses de données et leur traitement pourraient modifier la gouvernance hospitalière en permettant au Directeur d'Hôpital de disposer d'informations pertinentes et d'outils experts d'aide à la décision.

Une enquête auprès d'hôpitaux français, comptant 40 répondants, permet cependant de constater le peu de maturité de ces technologies au service de la gestion. Les managers hospitaliers y entrevoient cependant un mécanisme facilitant leur prise de décision future.

Mots-clés : Gouvernance, Big data, Intelligence artificielle, hôpital.

ABSTRACT
Hospital governance in the age of Big Data

While Big Data and artificial intelligence are revolutionizing medical practices (diagnostic and curative) with great noise, both in the scientific community and among the public, their use in the management of healthcare facilities remains confidential.

In a constrained budgetary context, these large volumes of data and their processing could modify hospital governance by providing the Hospital Director with relevant information and expert decision-making tools.

However, a survey of French hospitals, with 40 answers, shows that these technologies are not very mature for management purposes. However, hospital managers see it as a mechanism to facilitate their future decision-making.

Keywords : Governance, Big data, Artificial Intelligence, hospital
JEL codes : G39, I18.

INTRODUCTION

Alors que 80 % des dépenses de santé (soit 9 % du PIB) sont réalisées durant la dernière année de vie[36], la start-up Aspire Health, dans le capital de laquelle Google est entrée en 2016, propose à ses clients un service reposant sur un algorithme (programme informatique retraçant les instructions à suivre pour résoudre un problème) qui permet d'évaluer l'espérance de vie et détermine s'ils sont susceptibles de décéder dans les douze mois qui suivent. L'objectif avancé, est de prendre en charge ces patients de façon humaine et d'éviter tout geste invasif inutile. La production de ce type d'information soulève toutefois un certain nombre de questions éthiques.

Google, comme d'autres G.A.F.A., ne se limite pas à cela. Combinant sa maîtrise des algorithmes et l'accès à une multitude d'informations (une information étant comprise comme une donnée faisant sens pour son destinataire), la firme de Mountain View s'est lancée depuis quelques années le pari fou que l'homme qui vivra mille ans est déjà né[37]. Verily, filiale d'Alphabet dédiée à la santé, compte sur le Big Data pour atteindre ce but.

Le Big Data est un concept qui a fait son apparition en octobre 1997 dans la bibliothèque de l'Association for Computing Machinery (A.C.M.). Défini comme « un important volume d'information non structurée et générée par une grande pluralité de sources », ses caractéristiques sont le volume, la vélocité et la variété (Laney, 2001).

Si l'usage le plus connu du grand public en matière de Big Data concerne l'analyse du comportement du consommateur, la médecine est sans doute l'un des champs les plus prometteurs, à assez court terme.

Le Dr Hood (2012), de l'Institute for Systems Biology, nous promet l'avènement prochain de la médecine 4P+1. Elle sera **P**ersonnalisée car une analyse du génome couplée à des études épidémiologiques permettra

---

[36] Dans un article du Monde (2/7/2010) « La mort et le PIB », Luc Perrino rapporte les chiffres d'une étude du Centre National des Professions libérales de Santé.

[37] Idée diffusée par Alexandre Laurent, ancien fondateur de Doctissimo et fervent du transhumanisme.

de donner le bon médicament à la bonne personne. Elle sera **P**réventive car on dégagera des marges grâce à l'efficacité des thérapies pour enfin faire de la prévention. Elle sera **P**rédictive car la même analyse du génome et du contexte de vie du patient permettra d'anticiper et de remédier aux pathologies. Elle sera **P**harmacovigilante car le *quantified self* relatif aux effets secondaires pourra être croisé avec les données de l'Assurance Maladie et celle des objets connectés. En obtenant rapidement des retours on évitera des scandales comme celui du Médiator. Enfin, elle sera **P**ertinente car « le diagnostic est humain, l'erreur est humaine ». Ce sont donc des algorithmes décisionnels qui proposeront une aide au diagnostic humain (aidés de la puissance de calcul des supercalculateurs comme Watson d'IBM).

C'est donc une révolution qui s'annonce sur le plan médical à l'hôpital. Celle-ci est l'objet de nombreuses recherches, mais le pendant administratif, la gestion de l'hôpital, est encore assez peu étudiée sous cet angle. La décision va-t-elle être simplifiée voire automatisée sous l'effet du Big Data ? Alors que Damasio (2006) a mis en évidence l'importance du corps dans la prise de décision (d'où « l'erreur de Descartes ») ne va-t-on pas, sous l'égide du big data, retrouver une décision désincarnée, issue d'une « raison pure » cartésienne voire kantienne ?

L'entrée dans le tout numérique nous fait entrer dans le deuxième âge de la machine (Brynjolfsson & Mc Afee, 2015). Si au premier âge, la machine assistait l'homme, remplaçait ses muscles, le deuxième âge nous fait entrer dans un monde où les systèmes informatiques peuvent prendre de meilleures décisions que l'homme (exemple des véhicules autonomes qui ont moins d'accidents qu'un bon conducteur), grâce notamment au Big Data (en fait les intelligences artificielles se basent généralement à la fois sur des données, des algorithmes et un apprentissage).

Une entreprise a sauté le pas : Bridgewater, un fond spéculatif, a décidé de confier le management à une intelligence artificielle. Pour ce faire, son fondateur a édicté un ensemble de règles (Dalio, 2017) et recourt au Big Data. Sans aller jusqu'à cet extrême, la décision managériale hospitalière sera-t-elle impactée par ce nouvel âge numérique ?

L'hôpital a connu, ces quarante dernières années, un flot de réformes visant pour la plupart à contenir ses dépenses. Les tutelles ont majoritairement mis en place des mécanismes (de gouvernance) visant à contraindre le manager hospitalier à prendre des décisions en conformité avec cet objectif de restriction budgétaire, réduisant ainsi sa latitude managériale (on parle ici de gouvernance disciplinaire). Seule la loi Hôpital Patients Santé et Territoire (H.P.S.T.) de 2009 contenait des mesures lui donnant plus de latitude, élargissant son champ des possibles en matière de décision (sa zone discrétionnaire).

Améliorer la connaissance que le D.H. a de son organisation en lui apportant des données structurées, promesse des techniques basées sur le Big Data et l'I.A., lui permettrait d'élargir encore sa latitude managériale. Cependant, ces techniques ont un coût non négligeable et sont parfois peu compatibles avec la pression budgétaire que les hôpitaux connaissent.

Dans cette recherche, nous nous proposons d'étudier la présence et les effets que pourraient avoir les mutations numériques sur la décision et la latitude managériale hospitalière. D'une vision habilitante où l'État tente de faire du Directeur Hospitalier un vrai « manager » (loi H.P.S.T.), ne risque-t-on pas de revenir à des mécanismes qui limitent ou encadrent (disciplinent) davantage la latitude managériale ?

Pour répondre à ce questionnement, nous interrogerons le rôle de l'information dans la littérature en gouvernance (1) puis nous rapporterons les résultats d'une enquête réalisée auprès d'hôpitaux français (2). Plusieurs acteurs sont particulièrement ciblés : les directeurs généraux, les directeurs des systèmes d'information, les médecins responsables du Département de l'Information Médicale (D.I.M.) et les responsables financiers.

L'analyse des résultats vise faire un état des lieux de la connaissance et de l'utilisation d'intelligence artificielle sur de gros volumes de données à des fins décisionnelles pour le manager hospitalier. La question sera également de connaître le ressenti des managers vis-à-vis de l'IA et du Big Data : cela contraint-il davantage le champ des possibles de leurs décisions ou, au contraire, conçoivent-ils ces systèmes comme une aide ?

1. L'INFORMATION AU CŒUR DE LA DECISION ET DE LA GOUVERNANCE.

1.1. Un lien étroit entre information et décision

La parfaite rationalité de l'homo-œconomicus a été depuis longtemps critiquée. En effet, selon la théorie néoclassique, il accède à toute l'information et a des capacités mnésiques et calculatoires illimitées lui permettant de traiter toute information. Il est doué de raison et toutes ses actions sont rationnelles, il maximise son utilité et son profit et enfin, il s'adapte immédiatement à tout changement et à l'avenir.

Simon réfute, en 1955, deux postulats : le décideur ne dispose pas de toutes les informations et ses capacités mnésiques et calculatoires sont limitées. Sa rationalité est donc limitée. Dès lors, les individus vont prendre leurs décisions en fonction des buts qu'ils visent et de l'analyse de leur environnement. Les décisions prises relevant d'un processus rationnel, Simon va tenter d'en dégager une logique procédurale qui suivra la mécanique I.M.C. (Intelligence Modélisation Choix).

Si ces arguments étaient évidents en 1955, le Big Data renforcé par l'Open Data (l'information étant considérée comme un bien commun au sens d'Élinor Oström, 1990) ainsi que l'arrivée des ordinateurs quantiques mis à disposition du grand public (exemple : IBMQ) rend l'accès à l'information quasi illimité et les capacités calculatoires cent millions de fois supérieures à celles des meilleurs ordinateurs de la génération précédente, soit bien supérieures à celles de l'homme.

Par ailleurs, même face à l'information pertinente, il se peut que le décideur la perçoive ou l'interprète mal car il est sujet à des biais cognitifs (Schwenk, 1984 ; Kahnemann et Tservsky, 1974) ou émotionnels (Greenfich, 2005). Là encore, les algorithmes sauront prendre les « bonnes » décisions car ils sont cognitivement droits et exempts d'émotions.

Pour autant, si les programmeurs le souhaitent, à la demande des décideurs, ces mêmes algorithmes seront capables de simuler certaines heuristiques afin d'épargner de la puissance de calcul. Encore faut-il se mettre d'accord sur les règles de gestion (au sens informatique du terme) et notamment les décisions auxquelles s'appliquent ces heuristiques. En reprenant la typologie d'Ansoff (décisions stratégiques, tactiques et opérationnelles), on peut penser qu'à tout le moins les décisions opérationnelles relèvent d'un arbre de décision et que les décisions stratégiques méritent mieux que de « mauvais » algorithmes. Seules les décisions tactiques pourraient faire l'objet d'heuristique car les problèmes traités, bien que ne relevant pas de conditionnelles (arbre de décision), ne sont pas pour autant complexes et surtout ces décisions n'engagent pas l'avenir de l'organisation.

L'approche de Le Moigne (1974), distingue quant à elle :

- Les décisions programmables, caractérisées par une large phase d'intelligence en avenir certain, une faible modélisation et un choix sinon unique tout du moins limité à quelques alternatives et pour lequel on peut trouver, via la recherche opérationnelle, un optimum ;
- Les décisions structurées, caractérisées par une faible phase d'intelligence (car, bien qu'elles se situent en avenir certain, quelques informations ne sont pas disponibles), une forte modélisation via un retraitement de l'information et un choix unique ou limité à quelques alternatives obtenues par tâtonnement ou calcul d'optimisation. On atteint ici un optimum sous contrainte ;
- Les décisions complexes, caractérisées par une faible phase d'intelligence car elles se situent en avenir incertain (au sens de Knight, 1921, c'est-à-dire que non seulement l'avenir n'est pas connu, mais il ne peut pas l'être), ce qui implique une faible modélisation et donc des choix dont l'optimum ne peut pas être déterminé.

Vidal et Lacroux (2016) ont montré que les deux premières catégories de décisions sont déjà à la portée des S.I.A.D (systèmes d'aide à la décision) actuels, mais la dernière catégorie, ce qu'ils nomment le « noyau dur » des décisions de gestion, achoppe du fait de l'aspect multidimensionnel de ce genre de décision. Sa résolution nécessiterait une « réelle » intelligence artificielle (IA) qui apprendrait réellement et dans un domaine large.

Or, plusieurs problèmes se posent. D'une part, si le Big Data permet la variété (une de ses caractéristiques selon Laney), le traitement par l'IA n'est pour l'instant que spécialisé (une I.A. pour un usage). D'autre part ce genre de décisions pose des problèmes éthiques non encore gérés par les IA.

Or, les environnements sont de plus en plus turbulents (au sens de D'Aveni, 1995). Deux analyses cognitives de la décision laissent une place prépondérante à cet environnement : le modèle R.P.D. de Klein et le sensemaking de Weick.

Dans son modèle, Klein explique que l'expert, face à une situation extrême ou inconnue s'en remet à son intuition et à son expérience. À ce stade, on voit comment le Big Data peut permettre de détenir un stock de connaissances, mais on voit mal comment un ordinateur pourrait avoir de l'intuition. Mais Klein (1997, 2008) précise le processus : l'évaluation de la situation en cours d'action reposerait sur la reconnaissance de configurations spatio-temporelles significatives, le choix d'une solution optimale passerait alors par la reconnaissance implicite de patterns significatifs pour l'action. Les récentes avancées de l'apprentissage profond (Bengio, 2019) ont permis aux I.A. de passer d'un apprentissage basé sur de nombreux exemples à une première étape de généralisation grâce aux réseaux de neurones convolutifs (plusieurs couches de réseaux de neurones imitant le cerveau humain et permettant de faire des hypothèses à partir d'éléments proches). Cette première étape permet donc de rechercher des similitudes entre des situations identiques (par exemple une image d'éléphant avec quelques pixels différents reste l'image d'un éléphant). La deuxième étape, avec l'avènement des réseaux neuronaux récurrents (des réseaux qui prennent en entrée leurs sorties et donc évoluent sans cesse), apporte une approche dynamique qui permet à l'I.A. de réaliser des prédictions sur ce qui va advenir (ainsi lorsque l'on tape un sms, la messagerie propose un choix de mots, adapté à l'utilisateur, qui permet de compléter le message).

En situation extrême, l'expert n'a pas les capacités calculatoires suffisantes pour évaluer toutes les hypothèses et c'est sans doute là que son intuition joue, mais un ordinateur disposant d'une capacité de calcul suffisante peut rapidement rechercher des analogies. Nous sommes donc encore face à une situation où les outils numériques donneraient de meilleurs résultats que l'homme.

Pour Weick, c'est l'environnement co-construit socialement qui fait sens. "Sensemaking is never solitary because what a person does internally is contingent on others." (Weick, 1995, p. 40). Weick identifie trois sources de sens : la culture (au sens des valeurs), la stratégie (discours prévisionnel qui conditionne les contrats) et la structure formelle qui valide les rôles, les règles et les procédures. Or, pour l'instant, les IA ne sont pas encore capables de bien comprendre le contexte (par exemple, les inférences posent le problème de la désambiguïsation du pronom, Marcus, 2017) et manquent de « valeurs » (la culture de Weick). Tay, le chatbot de Microsoft devenu nazi et raciste en moins de 24 heures sur Twitter, en est une illustration. D'ailleurs, la compréhension du contexte n'est pas une compétence partagée au sein de l'organisation. C'est ce qui explique que les contrôleurs de gestion, qui ont la connaissance de l'organisation, ne puissent être remplacés par des Data Analysts, et au contrôle cybernétique de ne pas disparaître au profit d'un contrôle algorithmique (Sponem, 2018).

Une autre approche de la décision en fait un objet politique (qui sied assez à l'hôpital). Ainsi, pour Cyert et March (1963), les groupes au sein de l'organisation forment des coalitions d'acteurs qui influencent fortement les processus décisionnels. Les décideurs disposent de répertoires de solutions ou procédures standards. L'entreprise est alors un lieu de négociations et d'arbitrages successifs entre acteurs coalisés qui évitent les conflits frontaux par la quasi-résolution des conflits grâce à des sous-objectifs compatibles satisfaisant tout le monde. La rationalité adaptative permet à chaque coalition de rendre compatible ses objectifs avec les finalités de l'entreprise et des autres groupes. De ces compromis naissent des réserves organisationnelles. Grâce aux habitudes et aux routines, la permanence de l'organisation est assurée, mais la différence entre somme des contributions et des rétributions constitue un écart (slack) que s'approprie certains membres de la coalition. L'équivalent des buts de l'organisation est constitué des buts que s'est assignés une coalition dominante.

Cette rationalité adaptative est donc non optimale (ne serait-ce que par les slacks organisationnels élaborés puis distribués) et l'objectivation de la décision rendue possible par le Big Data devrait permettre de diminuer le pouvoir de certaines coalitions en fondant les décisions non plus sur des jeux de pouvoir, mais sur des faits réels.

En s'appuyant sur les éléments qui précèdent, on pourrait conclure que la machine (dotée de capacités mnésiques et calculatoires, pourvue de « bons[38] » algorithmes et disposant d'un accès au Big Data) est

---

[38] La qualité de l'algorithme prime sur la quantité de données, c'est ce qui explique par exemple le succès de Thérapixel dans le dépistage de cancers à base de mammographies.

globalement supérieure à l'homme, même en situation extrême, dans la prise de décision.

C'est cependant ignorer une source importante d'innovations : la sérendipité[39]. Ces découvertes « par hasard », mais pas tout à fait, sont le fait de mauvaises décisions ayant engendré plus de valeur que ne l'auraient fait les bonnes décisions. Or, la sérendipité ne peut advenir avec une machine. Le recours aux techniques d'I.A. et de Big data prive son utilisateur de l'erreur ou du biais comme source de création de valeur. On dit d'ailleurs « errare humanum est (sed perseverare diabolicum est) ». Il s'agit bien d'une propriété humaine. L'homme peut donc encore apporter une valeur, même si statistiquement la décision prise par une machine, dans le cadre du Big Data, est plus souvent optimale. Nous sommes donc face à un choix de société : voulons-nous optimiser la valeur à court terme ou favoriser l'innovation ?

Kipling en son temps déclarait à son fils : « Si tu peux voir détruit l'ouvrage de ta vie et sans dire un mot te mettre à rebâtir » préfigurant ainsi la résilience face à l'échec. Dans la même veine, Shoemaker (2012) fait de l'échec la condition de l'innovation. Nouvelles technologies et échec ne sont cependant peut-être pas si incompatibles lorsque l'humain reste décideur : ainsi Google connaît presque autant d'échecs que de tentatives, mais en multipliant les échecs, il multiplie les « risques » de réussites.

Comme nous venons de le voir, l'information est au cœur de la décision, mais elle est également source de conflits (les différentes parties n'ayant pas les mêmes accès à l'information) que tente d'atténuer la gouvernance.

1.2. La réduction des conflits informationnels à l'origine de la gouvernance

Étudiant la firme managériale, Jensen et Meckling (76) constatent que s'établit entre le principal (l'apporteur de capitaux, l'actionnaire), et l'agent (le manager) une relation d'agence qu'ils définissent comme « un contrat dans lequel une ou plusieurs personnes ont recours aux services d'une autre personne pour accomplir en leur nom une tâche quelconque, ce qui implique une délégation de nature décisionnelle » (p.308).

Cette théorie repose sur deux hypothèses comportementales (Charreaux, et al., 1987) : les individus cherchent à maximiser leur utilité (axiomatique néoclassique) et ils sont susceptibles de profiter de l'incomplétude des contrats (théorie formalisée par Hart et Moore, 1990).

Or, le fait que le principal et l'agent puissent avoir des fonctions d'utilité différentes est à l'origine de divergences d'intérêts.

---

[39] Terme inventé par Horace Walpole dans une lettre du 28 janvier 1754.

Pour Jensen et Meckling, le dirigeant a tendance à s'approprier une partie des ressources de la firme sous forme de privilèges pour sa propre consommation (dépenses discrétionnaires).

Ces comportements opportunistes du manager ne sont possibles que du fait de l'asymétrie informationnelle qui existe entre le principal et l'agent. Elle peut engendrer un risque ex-ante (de sélection adverse) ou ex-post (aléa moral). Cette imperfection de l'information remet en cause l'allocation efficiente et les transactions deviennent coûteuses. Jensen et Meckling distinguent trois types de coûts d'agence :

- Les coûts d'incitation et de surveillance, à la charge de l'actionnaire afin de s'assurer que les dirigeants gèrent conformément à ses intérêts.
- Les coûts de dédouanement, à la charge du manager qui souhaite montrer sa loyauté.
- Les pertes résiduelles incompressibles.

Alors qu'au niveau de la société, le Big data a pu créer une forte asymétrie informationnelle, souvent invisible (Dagiral & Parasie, 2017, p. 9), dans le domaine public, le programme d'Open data permet de réduire, voire de supprimer cette asymétrie en donnant des droits d'accès identiques pour les parties prenantes et le manager.

Se pose alors le problème de l'intérêt du recours à un manager car, comme le souligne P-Y. Gomez (1996), la relation d'agence n'existe que parce que le principal estime l'agent mieux placé que lui pour gérer son bien. Il lui reconnaît des capacités et un savoir-faire particuliers. L'asymétrie d'information est donc, selon lui, à l'origine de la relation contractuelle.

Afin de réduire les comportements opportunistes du manager, l'actionnaire met en place un certain nombre de mécanismes de contrôle, outils de gouvernance.

La gouvernance d'entreprise se définit comme l'ensemble des « mécanismes organisationnels qui ont pour effet de délimiter les pouvoirs et d'influencer les décisions des dirigeants, autrement dit, qui gouvernent leur conduite et définissent leur espace discrétionnaire » (Charreaux, 1996).

Ces mécanismes ont pour objectif de diminuer les conflits informationnels (ils ne peuvent pas être nuls compte tenu des coûts d'agence résiduels) en tendant à aligner les intérêts de l'agent sur ceux du principal.

En retraçant d'un point de vue historique les différentes approches de la gouvernance, on peut noter quatre étapes. L'origine de la gouvernance est à retrouver dans les travaux de Berle et Means (1932) sur la moindre efficience de la firme managériale. Cette vision disciplinaire actionnariale vise à réguler les relations entre actionnaires et dirigeants et à garantir que l'organisation réponde effectivement aux intérêts des propriétaires. Il s'agit encore de nos jours de la théorie « main stream », mais celle-ci est assez peu adaptée à l'hôpital.

Sous l'effet de la théorie des parties prenantes (Freeman, 1984), une nouvelle vision, toujours disciplinaire, mais cette fois partenariale a surgi. Il s'agit d'inciter ou obliger le dirigeant à agir conformément aux intérêts de l'ensemble des partenaires de l'organisation. Cette vision est plus appropriée à l'hôpital. Utilisées à ces fins, l'I.A. et le Big Data auraient comme but de contraindre (discipliner) le dirigeant hospitalier à prendre des décisions dans l'intérêt de l'ensemble des parties prenantes (tutelles, patients, société, personnels...).

Mais sous l'influence de Charreaux, une nouvelle approche de la gouvernance, non plus disciplinaire (discipliner le manager) mais habilitante, dont le but est d'augmenter la latitude managériale (élargir son espace discrétionnaire) afin de créer plus de valeur est apparue.

Dès 2005, Charreaux prône une gouvernance comportementale dont l'objectif est de réduire les effets négatifs des biais cognitifs liés à la prise de décision du manager afin d'augmenter la création de valeur. Dans ce cadre, les techniques de Big data et d'I.A. auraient pour effet de réduire les biais cognitifs du manager afin qu'il prenne des décisions plus éclairées. Le manager hospitalier dispose d'un cadre, d'une zone discrétionnaire, largement défini par les tutelles, mais ses biais cognitifs réduisent ce cadre. Le big data et l'I.A. lui permettraient donc, en supprimant ses biais cognitifs, d'élargir son champ des possibles au cadre pré-établi par les tutelles. De ce point de vue, il pourrait créer davantage de valeur. On parle ici de gouvernance habilitante.

Une dernière vision de la gouvernance consiste à apporter des connaissances au manager. Ce dernier courant, à caractère habilitant également, initié dès 1997 par Charreaux, s'intéresse à l'innovation, à la connaissance et à l'apprentissage organisationnel (Argyris & Schön, 1978) comme sources de création de valeur. Il s'inscrit dans le paradigme de la Ressource Based View (Penrose, Wernerfelt et Barney). Sans être main stream, car plus récent, il est très prometteur. Actuellement, deux acteurs sont particulièrement formés pour apporter de la connaissance au manager hospitalier : le contrôleur de gestion et le D.I.M. (Chatelin & Conan, 2016). Agissant en binôme, ils constituent un mécanisme de gouvernance au caractère habilitant, mais, sur le terrain, leur mise en place semble lente. Dans le même cadre, le Big data et l'I.A. peuvent être considérés comme des techniques qui apportent des connaissances au manager à la fois sur son organisation et sur le monde qui l'entoure, le plaçant dans une nouvelle réalité augmentée, en faisant donc un manager-augmenté au sens de C. Dejoux (2018).

Ces différentes visions de la gouvernance, loin d'être exclusives l'une de l'autre peuvent s'exercer à différents moments de la décision ou de la vie des organisations (Wirtz, 2017).

Mais peut-on considérer le big data et l'I.A. comme un mécanisme de gouvernance ? Et, dans l'affirmative, comment le caractériser et quels sont ses effets (disciplinaires ou habilitants) sur la latitude managériale ?

Un mécanisme est « une combinaison d'éléments ou d'opérations qui permet le fonctionnement d'un organe, d'une activité »[40]. Si l'information est une ressource, le Big Data, quant à lui, est bien une combinaison d'éléments (grande quantité d'information, capacités de traitement et algorithmes) qui permet le fonctionnement de l'organe de direction dans sa prise de décision. On peut donc le considérer comme un mécanisme de gouvernance.

La question du caractère disciplinaire ou habilitant de ce mécanisme est difficile à trancher.

En effet, si le recours à ces techniques contraint la décision du manager (diminution du nombre d'alternatives, décisions automatiques, voire algorithmes « biaisés » en fonction des buts plus ou moins affichés - Pellegrini, 2018) et où elle permet à « l'État-actionnaire » ou plus largement à l'ensemble des parties prenantes de s'assurer que le manager prend des décisions qui vont dans le sens de leurs intérêts, nous avons vu que le Big data et l'I.A. peuvent également élargir la latitude managériale, d'une part en réduisant les biais cognitifs du manager et d'autre part en apportant des connaissances inconnues de ce même manager.

Cependant, nous avons également vu que ces techniques, reposant sur des algorithmes, ne permettent pas la créativité ni la sérendipité. Pour créer de l'innovation, le manager, même augmenté, doit rester homme et conserver une capacité d'inventivité.

Nous posons donc comme hypothèse que les techniques de Big data et d'I.A. constituent un mécanisme de gouvernance à la fois disciplinaire et habilitant, mais que sa composante habilitante reste limitée.

2. ÉTUDE

Pour tester notre hypothèse, nous avons réalisé une enquête auprès d'établissements hospitaliers.

2.1. Méthodologie

Afin de toucher les différents acteurs, nous avons réalisé quatre questionnaires sous format GoogleForm administrés via la messagerie électronique des destinataires.

La recherche des destinataires s'est faite à partir du moteur de recherche de la Fédération Hospitalière de France qui tient à jour un annuaire des établissements hospitaliers. La quasi-totalité des établissements qui nous intéressent sont adhérents (Tableau 1).

---

[40] Définition du dictionnaire en ligne Reverso.

Tableau 1 : Adhérents de la F.H.F. (source : site de la F.H.F.)

Type	Structure	Nombre	Adhérents
CHRU	Centre hospitalier régional universitaire	29	100%
CHRU	Centre hospitalier régional universitaire	3	100%
CHU	Hôpital dépendant d'un CHRU	54	100%
CH	Centre hospitalier régional universitaire	505	100%
GIP	Groupement d'intérêt public	5	80%
HL	ex hôpital local	221	99%
GCS	Groupement de coopération sanitaire	11	55%
CHS	Centre hospitalier spécialisé	86	100%
MR	EHPAD/ Maison de retraite	1068	90%
MS	Structure médico-sociale	208	45%
CLOC	Collectivité locale	2	50%
INS	Institution	39	5%
CCAS	Centre communal d'action sociale	368	2%

Nous avons sélectionné un établissement par département. Pour chacun, nous avons récupéré l'adresse de la direction générale (D.G.), de la direction des affaires financières (D.A.F.) ou des finances et de la direction des systèmes d'information (D.S.I.) lorsque les éléments étaient disponibles. Le terme « affaires financières » a été préféré à « contrôle de gestion » car trop peu d'établissements déclarent une direction du contrôle de gestion.

Pour finir, nous avons recherché tous les Centres Hospitaliers Universitaires (C.H.U.) métropolitains et exclu tous les établissements de l'AP-HP[41] (que nous avons considéré, avec ses 12 000 lits de MCO, comme une structure hors-norme au regard des autres établissements).

Nous avons ainsi constitué une base de 271 adresses (95 D.G., 94 D.A.F. dont 12 D.A.F.-D.S.I. et 82 D.S.I.). Au niveau des D.S.I., lorsqu'étaient disponibles l'adresse d'un directeur et l'adresse d'un ingénieur en informatique, nous avons conservé la seconde.

Pour le D.I.M., nous avons récupéré 91 adresses réparties sur 10 régions (Alsace, Aquitaine, Auvergne, Basse-Normandie, Bourgogne, Champagne-Ardenne, Franche-Comté, Haute-Normandie, Limousin, Midi-Pyrénées) afin d'avoir autant d'adresses que pour les autres acteurs.

Les résultats obtenus constituent donc des données primaires que nous avons traitées dans un tableur.

La distribution des réponses en fonction de la taille de l'établissement montre que nous avons touché l'ensemble des catégories, mais de manière inégale. Ainsi, si les C.H.U. représentent 6 % de la population mère, ils représentent 21 % de notre échantillon initial et 20 % de répondants D.G. S'il n'y a pas de distorsion entre échantillon et réponses

[41] Assistance Publique – Hôpitaux de Paris

par les D.G., il n'en va pas de même pour les D.I.M. pour lesquels les répondants C.H.U. représentent 7 %.

Tableau 2 : Synthèse du nombre de réponse par catégorie d'acteurs

	D.G.	D.A.F.	D.S.I.	D.I.M.	Total
Mails envoyés	95	94	82	91	362
Nombre de réponses	20	3	3	14	40
Taux de réponse	21 %	3 %	4 %	16 %	11 %

Les questionnaires ont été administrés au mois d'août, celui-ci étant traditionnellement un mois calme dans les services « administratifs ».

Enfin l'objet du mail « Enquête IA et Big Data au service de la gestion hospitalière » a été réfléchi au regard d'expériences antérieures. Le terme « enquête » est familier des acteurs car il fait partie du langage de l'administration hospitalière. Le terme gouvernance a, quant à lui, été éludé car plutôt perçu négativement par les acteurs médicaux (D.I.M.), depuis la loi H.P.S.T..

2.2. Résultats

Les premiers résultats concernent la faible présence des composantes « contrôle de gestion » au sein des directions (Graphique 1). Cette faible présence dans l'annuaire (assimilable à des organigrammes transmis à la F.H.F.) et son positionnement au sein des D.A.F. interrogent quant aux marges de manœuvres et aux missions assignées à ces composantes du contrôle de gestion.

Graphique 1 : Présence d'un contrôle de gestion déclaré dans les directions (source : annuaire F.H.F.)

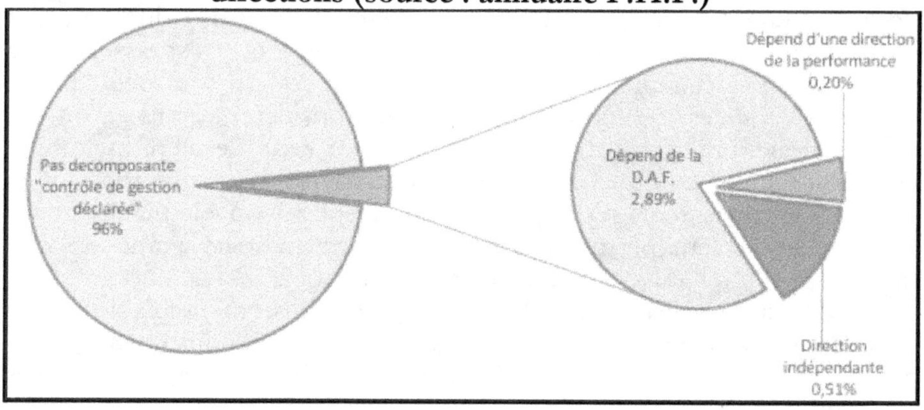

Le second constat porte sur les différents taux de réponse en fonction des acteurs. Il semblerait que l'intérêt pour le sujet diverge d'un groupe à l'autre. Nous remarquerons cependant que s'il n'est pas étonnant que peu de D.A.F. répondent (une enquête réalisée il y a deux ans sur un sujet connexe adressé à des D.A.F. du privé donnait également un très faible taux de réponse), il est beaucoup plus étonnant, voire inquiétant, que le sujet n'intéresse pas les D.S.I.. Notons cependant que 2 des 3 D.S.I. ayant répondu ont accompagné leur réponse d'un mail expliquant leur intérêt pour l'étude, même si l'un deux y avouait ignorer ce qu'était le Big Data.

Les D.G. et les D.I.M. ont été très réactifs. Laissant assez peu de commentaires sur la plate-forme Google Form, ils ont souvent accompagné leur réponse d'un mail expliquant ou prolongeant leurs réponses. Ce fort engagement de la part de ces acteurs semble un bon indicateur de prédiction quant à l'usage effectif et efficace des outils numériques (Walsh, et al., 2016) et contraste avec la défiance constatée à l'égard du Big data dans une étude récente (Habib, et al., 2017).

Au niveau des résultats de l'enquête, on peut remarquer que 90 % des répondants ont connaissance de l'existence de ces techniques, même si 50 % seulement en ont déjà vu à l'œuvre, et qu'uniquement un tiers des répondants dispose de ces techniques en fonction dans son établissement. Les principaux outils utilisés sont Cassandra, R, Tanagra, Sphinx, Nutanix, Hyper Convergence et Process Mining.

Alors que les D.G. annoncent un taux de recours à ces techniques assez élevé (près de 25 %), les D.I.M. se limitent à 5 % (Tableau 3). Cet écart interroge. Nous pouvons formuler plusieurs hypothèses : soit les répondants sont issus d'hôpitaux différents (ce qui est une réalité, mais la structure de répondants par taille d'établissements est globalement la même pour les D.G. et les D.I.M.), soit les D.G. et les D.I.M. n'ont pas la même définition des termes Big Data et IA (aucune définition n'était proposée en introduction du questionnaire et les retours des D.I.M. étaient assez précis, demandant le type d'IA – apprentissage supervisé ou deep learning-, ce qui témoigne d'un degré de maîtrise différent des techniques entre D.G. et D.I.M.), soit encore, et c'est assez lié à l'hypothèse précédente, les D.I.M. estiment qu'on ne peut parler d'utilisation de ces techniques que lorsqu'ils considèrent qu'ils en ont un degré d'usage important. Nous penchons pour cette dernière hypothèse compte-tenu des commentaires laissés (du type « il n'y a que moi qui en fait... », « les utilisateurs n'ont pas les compétences » ou « le matériel dans les services ne leur permet pas de s'en servir » associé à une réponse négative quant à l'utilisation dans l'établissement).

Si l'on s'intéresse à la structure par taille d'établissement (Tableau 4), il semblerait que ce soient les établissements de 300 à 500 lits qui soient les plus actifs puisque la moitié d'entre eux déclarent recourir à ces techniques.

Pour ce qui est des champs d'applications propres à ces techniques (Graphique 2), on remarque que l'analyse de l'activité reste la principale préoccupation des acteurs, qu'ils utilisent déjà ces techniques (« Actuel » sur le graphique) ou qu'ils en imaginent les usages souhaitables (« Souhaité » sur le graphique). Cette observation n'est pas étonnante quand l'on sait que le suivi de l'activité existe depuis la fin des années 60 et que le P.M.S.I. a d'abord été présenté comme un outil permettant une meilleure connaissance de l'activité. On voit que les D.G. attendent toujours de mieux connaître leur activité

Le second cas d'usage se révèle être l'amélioration du parcours patient. Face aux pressions des tutelles pour réduire le nombre de lits (et ce depuis la mise en place de la carte sanitaire en 1973), l'efficience en termes de processus devient un impératif.

Tableau 3 : Degré de connaissance estimé des possibilités offertes par l'IA et le Big data en matière de gestion hospitalière par catégorie d'acteur

	D.G.	D.I.M.	D.A.F.	D.S.I.	**Total**
Je n'en ai jamais entendu parler.	2	1	-	1	**4**
Je sais que cela existe.	7	6	2	1	**16**
J'ai déjà vu des applications dans un autre établissement que le mien.	4	3	-	-	**7**
Ces techniques sont déjà utilisées dans mon établissement, mais nous n'en sommes qu'aux balbutiements	7	2	1	1	**11**
Ces techniques sont utilisées habituellement dans mon établissement.	2	-	-	-	**2**
Je maîtrise moi-même certaines de ces techniques.	1	2	-	-	**3**
Total	**22**	**12**	**3**	**3**	**40**

Tableau 4 : Degré de connaissance estimé des possibilités offertes par l'IA et le Big data en matière de gestion hospitalière par taille d'établissement

	Moins de 100 lits de MCO	de 100 à 300 lits de MCO	de 300 à 500 lits de MCO	Plus de 500 lits de MCO	CHU	Non précisé	Total
Je n'en ai jamais entendu parler.	1	2	-	-	-	1	4
Je sais que cela existe.	3	6	3	2	2		16
J'ai déjà vu des applications dans un autre établissement que le mien.	3	-	3	1	-		7
Ces techniques sont déjà utilisées dans mon établissement, mais nous n'en sommes qu'aux balbutiements	1	2	4	1	2	1	11
Ces techniques sont utilisées habituellement dans mon établissement.	-	-	2	-	-		2
Je maîtrise moi-même certaines de ces techniques.	1	1	1	-	-		3
Total	9	11	13	4	4	1	40

Deux autres éléments sont à noter : le fait que seuls les D.G. semblent s'intéresser à la gestion spécifique des flux des urgences (pression des médias ? pression des chefs de pôle ?) et le fait que le nettoyage des données semble assez peu intéresser les répondants. Or, il s'agit là de la première étape pour avoir des analyses correctes, ce qui laisse à penser que la maîtrise de ces techniques n'est pas du tout mature (lancer des programmes sur des bases de données avec doublons ou données manquantes aboutit à des absurdités).

Pour ce qui est de l'aspect « aide à la décision », nous avons dissocié les réponses des D.G. (Graphique 3) de celles des D.I.M. (Graphique 4). Si tous s'accordent sur le fait que ces techniques facilitent la prise de décision du D.G., on notera cependant que des D.G. recourant déjà à ces techniques ont automatisé certaines décisions. Certains, à l'inverse, ne prennent pas en compte les résultats des analyses pour prendre leurs décisions (mais n'ont-ils pas raison si leurs données ne sont pas nettoyées ?). Enfin, pour les D.I.M., s'ils reconnaissent un avantage à l'aide à la décision pour le D.G., ils pensent que ces techniques peuvent avoir des effets plus larges, y compris au niveau de la gestion des pôles.

Graphique 2 : Domaines d'usage actuels ou souhaités par catégorie d'acteurs

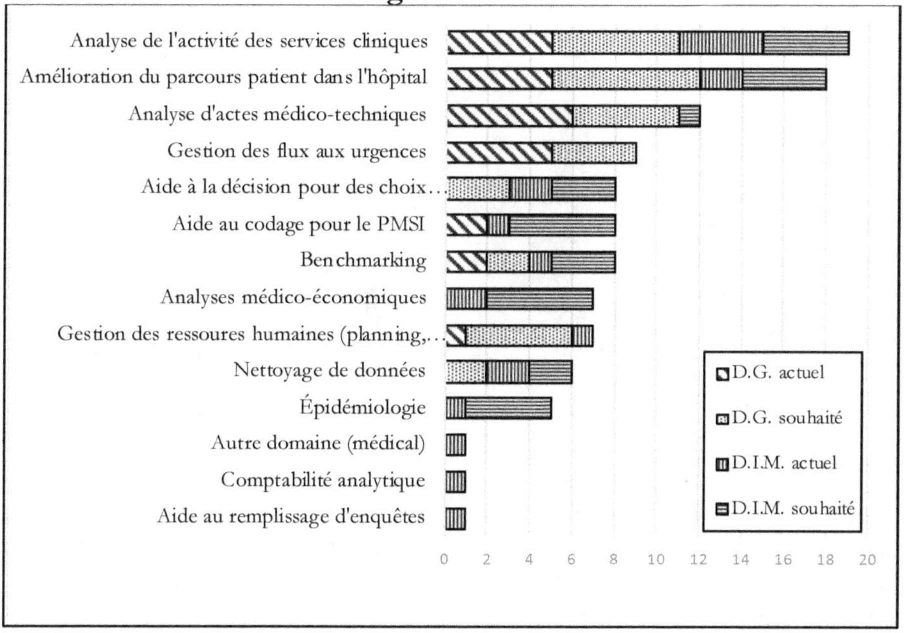

Graphique 3 : Appréciation vis-à-vis de l'apport cognitif perçu de l'usage de ces techniques par les D.G.

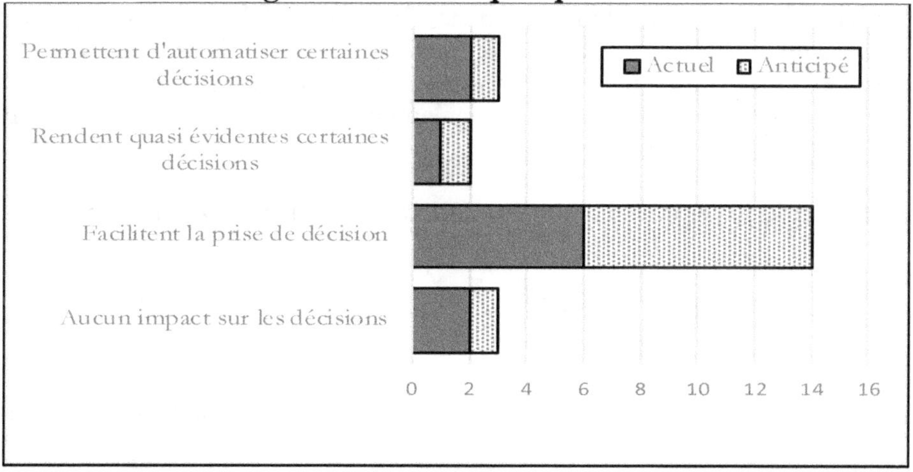

Graphique 4 : Appréciation vis-à-vis de l'apport cognitif en terme de gestion de ces techniques par les D.I.M.

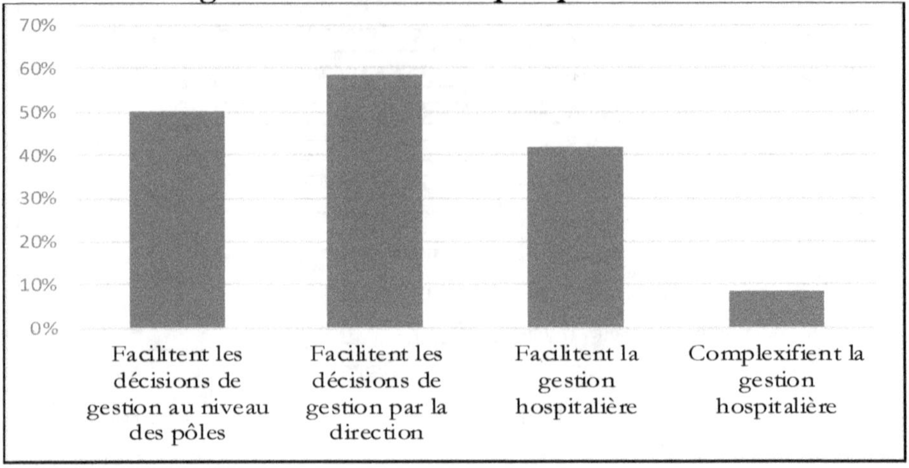

Si, au niveau de la direction, ces techniques sont globalement vues comme facilitatrices, il en est de même au niveau du D.I.M. (graphique 5) qui estime aux deux tiers que cela facilite ses missions, mais également, pour pratiquement la moitié des répondants, que cela modifie ses missions (les autres pensant que cela fait partie de leurs missions). Ceci est à rapprocher de l'étude de Capgras (2009) sur les missions dévolues au D.I.M.. Les DIM peuvent ainsi davantage analyser (*a posteriori*) l'activité des services cliniques, mais également fiabiliser les données (nettoyage). Certains l'utilisent déjà pour améliorer (valoriser) le codage, ce que d'autres aimeraient pouvoir faire. L'analyse (données croisées) des actes médico-techniques semble également être une attente de cette catégorie d'agents (graphique 2).

Graphique 5 : Appréciation des D.I.M. de l'impact sur leur métier

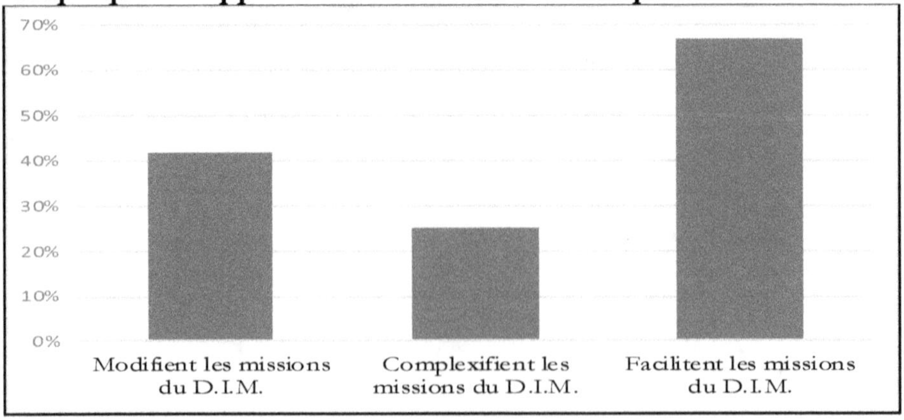

3. DISCUSSION

Tout d'abord, la faible représentation affichée du contrôle de gestion au sein des hôpitaux tend à conforter le constat porté par Nobre (2004) quant à la lente émergence du contrôle de gestion hospitalier.

Afin d'éviter les divergences d'interprétation quant aux termes Big data et IA, nous aurions pu proposer des définitions plus précises des techniques, mais nous avons craint qu'un langage trop technique ne décourage certains acteurs. En ce sens, l'étude est imparfaite mais a cependant permis de recueillir le sentiment des D.G. face à ces techniques, vues dans leur ensemble.

La question du caractère disciplinaire ou habilitant des techniques de Big data et d'I.A. ne fait guère débat parmi les D.G. Pour autant, il nous semble que cette appréciation doit être nuancée.

Deux répondants seulement les utilisent pour automatiser certaines décisions. Ceci est sans doute à mettre en relation avec le peu d'établissements où ces techniques sont réellement à l'œuvre. Comme toute technique émergente, on n'y fait pas encore complètement confiance et on ne lui confie pas la décision finale. D'un point de vue technologique, une IA est capable de prendre des décisions seules, mais cela nécessiterait de s'assurer de la fiabilité des données et le nettoyage des données ne semble pas une priorité.

Cette défiance vis-à-vis de la technique transparaît dans les commentaires :

- « Les pré-requis pour le développement de ces techniques à l'hôpital ne sont pas en place. On ne peut pas faire de la stratégie et de la prospective, lorsque les fondamentaux ne sont pas en place. »
- « mauvais SI » ... « faible niveau des acteurs institutionnels »
- « non inter-opérabilité des outils »
- « Il faudra veiller à ce que l'utilisation de ces outils ne conduise pas à une gestion purement comptable des établissements de santé. »

Un seul établissement parmi les répondants estime utiliser ces techniques en routine, les autres (qui les utilisent) disent n'en être qu'aux balbutiements. Cet établissement ne les utilise que de manière explicatives, et non prédictives. On peut donc rapprocher cette utilisation de techniques plus anciennes de data mining.

Quelques cas d'utilisation semblent cependant nouveaux comme l'analyse textuelle en tant qu'« aide » au codage pour les D.I.M.. À travers le dossier du patient, l'I.A. recherche des mots-clefs permettant de valoriser au mieux les séjours.

Ces quelques cas d'usage, ponctuels, semblent confirmer le manque de maturité de l'implantation de ces techniques et la vision encore insuffisamment transversale de l'organisation dont la pertinence a autrefois été mise en évidence dans le cadre de l'implémentation des E.R.P. (El Amrani, 2008).

Les espoirs des managers (et des D.I.M.) sont pourtant réels et dans des domaines assez variés (Graphique 2). Ils espèrent trouver dans ces techniques une aide pour faciliter leur prise de décision. Du point de vue des tutelles, cet engouement des D.G. pour ces techniques est plutôt de bon augure, mais du point de vue des managers hospitaliers, on peut s'interroger. Ne s'agit-il pas d'un miroir aux alouettes ? Si ces techniques parviennent à s'implanter (une fois les soucis matériels et humains réglés), elles risquent de devenir des mécanismes contraignants pour eux, les décisions devenant quasi obligatoires et pouvant être vérifiées par les tutelles. De ce que les D.G. perçoivent actuellement comme un mécanisme habilitant, les tutelles pourraient en faire un mécanisme disciplinaire. D'autant qu'il faudra ajouter à cette pression disciplinaire celle issue des réseaux sociaux. Si l'on doit semble-t-il distinguer les Réseaux Sociaux d'Entreprise qui ont un caractère habilitant (Chollet, 2006) des réseaux sociaux généralistes (comme Twitter ou Facebook) où les problèmes d'e-reputation agissent sur le comportement des managers de façon disciplinaire, on peut rappeler que les hôpitaux sont également entrés dans l'ère des réseaux sociaux (66 % sont sur Twitter et 69 % sur Facebook[42]), gérant leur notoriété ou e-reputation. Cela aura sans doute une incidence sur la décision managériale à l'hôpital dès lors que ces réseaux seront connectés aux techniques de Big data et d'I.A. via notamment les programmes d'open-data de l'État français.

La connaissance créée par ces techniques risque, au lieu d'élargir la zone discrétionnaire du manager hospitalier, de faire peser sur lui des pressions multiples et antagonistes d'autant plus fortes qu'elles seront, demain, fondées sur des éléments factuels.

CONCLUSION

Cette recherche nous amène à proposer des conclusions sur trois plans : théorique, méthodologique et managérial.

Sur le plan théorique, nous avons montré que l'I.A. et le Big Data peuvent être considérés comme un mécanisme de gouvernance non spécifique et spontané. Nous avons montré que l'introduction de ces techniques rebat les cartes au sein de l'équipe managériale. Ce que le D.H. gagne en accédant à une information plus large et mieux structurée, ce qui devrait lui donner plus de latitude, risque d'être contrebalancé par une contrainte plus forte : un diktat de la machine, une décision automatique. Cependant, si l'on veut sauvegarder l'innovation, l'homme

---

42 Étude Hôpitalweb2.0 et APHP, Juillet 2014.

doit remettre à sa place la technique et n'en faire qu'une aide, qui, dans ce cas, devient habilitante.

Nous ne sommes pour autant qu'au début de cette nouvelle ère.

D'un point de vue méthodologique, notre recherche a permis de souligner l'importance du vocabulaire employé.

Le terme « enquête », coutumier des répondants, semble avoir permis un meilleur taux de réponse. Il est donc important de s'informer au préalable du vocabulaire en en usage dans l'organisation à laquelle est destinée l'étude.

Le faible nombre d'observations, ainsi que la sous-représentation des deux acteurs que sont les directeurs financiers et plus encore les directeurs des systèmes d'information constituent des limites importantes qui mériteraient une étude complémentaire afin d'en comprendre les raisons.

Au niveau managérial, il semblerait, que ce mécanisme soit disciplinaire ou habilitant, qu'un effet de ciseau donnera la prime aux premiers qui arriveront à mettre en place ces techniques en routine. Mieux informés sur leur organisation, ils prendront un temps d'avance sur les autres établissements, pouvant argumenter pour obtenir des enveloppes budgétaires supplémentaires en vue de réaliser de nouveaux projets, innovants si possible (on ne parle pas de concurrents dans le milieu hospitalier, même si la manne financière est réduite et que les établissements doivent se la partager). Ce « temps d'avance » constituerait un avantage concurrentiel.

La question du nettoyage des données devrait être envisagée. Cependant, plusieurs établissements semblent manquer de moyens humains et matériels pour y parvenir. Le programme de médicalisation des systèmes d'information commence à dater (1989) et un plan d'envergure pour une mise à niveau des machines et des compétences humaines semble d'autant plus indispensable que le secteur de la santé fait partie des quatre secteurs désignés comme prioritaires par le rapport Villani (2018).

Afin de concentrer leurs ressources sur des problématiques créatrices de valeurs, les managers pourraient tirer avantage, dès maintenant, à réaliser un inventaire des types de décisions en les classant selon la typologie de Le Moigne. Débarrassés des décisions programmables et faiblement structurées, les D.H. pourraient garder la main sur les seules décisions non programmables où l'I.A. n'est pas (encore) capable de remplacer l'homme.

Ce travail amène bien sûr à des prolongements possibles. Il serait notamment intéressant de réaliser une étude approfondie et qualitative sur un ou deux cas d'introduction d'une I.A. dans le système d'information hospitalier afin d'analyser sur une période longue (au moins cinq ans) les modifications en terme organisationnel, relationnel (avec les tutelles et les autres parties prenantes) et sur la latitude managériale.

Quoi qu'il en soit, le niveau technique actuel des I.A. ne permet pas d'intégrer la créativité au sein de ses algorithmes, rendant la décision désincarnée encore sous-optimale par rapport à la décision humaine incarnée en matière d'innovation : l'erreur de Descartes semble persister, mais pour combien de temps ?

BIBLIOGRAPHIE

ARGYRIS, C. & SCHÖN, D. A., 1978, *Organizational Learning: A Theory of Action Perspective*. Addison-Wesley Pub. Co..

BENGIO, Y., 2019, La révolution de l'apprentissage profond. *Interstices*, INRIA.

BRYNJOLFSSON, E. & MC AFEE, A., 2015, *Le Deuxième âge de la machine: Travail et prospérité à l'heure de la révolution technologique*. Paris: Odile Jacob.

CAPGRAS, J.-B., 2009, *Le programme de médicalisation des systèmes d'information (1982-2009) : anamorphose et métamorphoses d'un dispositif de gestion*, Thèse de Doctorat en Sciences de Gestion, Université de Lyon 3.

CHARREAUX, G., 1997, *Le gouvernement des entreprises : coportae governance. Théories et faits*. Paris: Économica.

CHARREAUX, G., 2005, Pour une gouvernance d'entreprise « comportementale ». Une réflexion exploratoire... *Revue française de gestion*, Volume 31, pp. 215-238.

CHARREAUX, G., 2010, La gouvernance hospitalière : quelques réflexions à partir de la gouvernance d'entreprise. *Cahiers du FARGO*.

CHARREAUX, G., COURET, A., JOFFRE, P. & KOENIG, G., 1987, *De nouvelles théories pour gérer l'entreprise*. Paris: Economica, Collection Gestion. Série Politique générale, finance et marketing.

CHATELIN, C. & CONAN, N., 2016, *Le rôle de l'équipe dirigeante dans la gouvernance hospitalière : de la discipline budgétaire à la contribution cognitive : mythe ou réalité ?* Montpellier, 15ème Conférence internationale de gouvernance d'entreprise, CIG.

CHOLLET, B., 2006, Qu'est-ce qu'un bon réseau personnel ?. *Revue française de gestion*, Volume 4, pp. 107-125.

CYERT, R. M. & MARCH, J.G. 1963, A behavioral theory of the firm. *Englewood Cliffs*, Volume 2, pp. 169-187.

DAGIRAL, É. & PARASIE, S., 2017, *La "science des données" à la conquête des mondes sociaux: ce que le "Big Data" doit aux épistémologies locales. Big data et traçabilité numérique: Les sciences sociales face à la quantification massive des individus*. pp.85-104 éd. Paris: Collège de France.

DALIO, R., 2017, *Principles: Life and Work*. Simon & Schuster.

DAMASIO, A., 2006, *L'erreur de Descartes: la raison des émotions*. Paris: Odile Jacob.

DEJOUX, C. & LEON, E., 2018, *Métamorphose des managers...: à l'ère du numérique et de l'intelligence artificielle.* Pearson.
D'AVENI, R., 1995, *Hypercompétition.* Vuibert.
EL AMRANI, R., 2008, De l'intégration du Système d'Information à la vision transversale de l'organisation. *Systèmes d'information et management*, 13(4), pp. 61-93.
FREEMAN, R. E., 1984, *Strategic Management: A Stakeholder Approach.* Pitman Publishing.
GOMEZ, P.-Y., 1996, *Le gouvernement de l'entreprise. Modèles économiques de l'entreprise et pratiques de gestion.* Interéditions.
GREENFINCH, P., 2005, *Finance comportementale et économie comportementale.*
HABIB, J., BEJEAN, M. & DUMOND, J.-P., 2007, Appréhender les transformations organisationnelles de la santé numérique à partir des perceptions des acteurs. *Systèmes d'information & management*, 22(1), pp. 39-69.
HART, O. & MOORE, J., 1990, Property Rights and the Nature of the Firm. *Journal of political economy*, 98(6), pp. 1119-1158.
HOOD, L. & FLORES, M., 2012, A personal view on systems medicine and the emergence of proactive P4 medicine: predictive, preventive, personalized and participatory. *New Biotechnology*, 6(29), pp. 613-624.
JENSEN, M. & MECKLING, W., 1976, Theory of the firm : managerial behavior, agency cost and ownership structure. *Journal of Financial Economics*, Volume 3, pp. 305-360.
KAHNEMAN, D., 2011, *Thinking, fast and slow.* Macmillan.
KNIGHT, F. H., 1921, *Risk, Uncertainty and Profit.* Boston: Houghton Mifflin.
LANEY, D., 2001, *3d data management: Controlling data volume, velocity and variety*, Gartner. Retrieved, vol. 6, p. 6.
LE MOIGNE, J.-L., 1974, *Les systèmes de décision dans les organisations.* Presses universitaires de France.
MARCUS, G., 2017, Machine es-tu intelligente ? *Pour la science*, n° 476, pp. 26-31.
NOBRE, T., 2004, *L'introduction du contrôle de gestion à l'hôpital public: massive par catalyse règlementaire ou spontanée par capillarité*, Actes du 25e congrès de l'A.F.C..
OSTRÖM, E., 1990, *Reflections on the commons.* Cambridge University Press.
PELLEGRINI, F., 2018, Intelligence articielle, mégadonnées et gouvernance. *Revue Lamy Droit de l'immatériel*, Issue 144, pp. 56-59.
SCHOEMAKER, P., 2012, *Why Failure Is The Foundation of Innovation*, inc.com.
SCHWENK, C. R., 1984, Cognitive simplification processes in strategic decision-making. *Strategic Management Journal*, Volume 5, pp. 111-128.

SPONEM, S., 2018, Une « société du contrôle » sans contrôle de gestion, Réflexions sur le Big Data, *Le libellio d'AEGIS*, Vol. 14, n°1, pp. 103-115.
VIDAL, P., & LACROUX, F., 2016, L'évolution des Systèmes d'Aide à la Décision: du choix en situation structurée à l'intermédiation en situation complexe. *Systèmes d'Information et Management*, n°3.
VILLANI, C. et al., 2018, *Donner un sens à l'intelligence artificielle*, Paris: INRIA.
WALSH, I., SUMMA, M. G. & KALIKA, M., 2016, Expectable use: An important facet of IT usage. *The Journal of Strategic Information Systems*, 25(3), 177-210., 25(3), pp. 177-210.
WEICK, K. E., 1995, *Sensemaking in organizations.* Thousand Oaks, California: Sage.
WIRTZ, P., 2017, Governance of old religious orders: Benedictines and Dominicans. *Journal of Management History*, 23(3), pp. 259-277.

LES IMPACTS DU ROBOT CHIRURGICAL SUR L'ACTIVITÉ DES BLOCS OPÉRATOIRES

Delphine WANNENMACHER
CEREFIGE
delphine.wannenmacher@univ-lorraine.fr

RESUME

Nous nous intéressons dans cet article aux impacts de l'introduction d'une technologie telle que le robot chirurgical sur l'activité qui se déroule dans un bloc opératoire situé au sein d'un Centre Hospitalier Régional Universitaire (CHRU) de la région Grand Est (France).

Dans une perspective pragmatiste visant la co-construction de sens avec les acteurs du terrain, nous avons réalisé une recherche documentaire sur le sujet, des observations au sein du bloc opératoire, une captation vidéo et des photographies d'une intervention chirurgicale en urologie de trois heures, des entretiens d'auto-confrontation avec les membres de l'équipe ayant participé à l'intervention filmée, ainsi qu'un workshop interprofessionnel et interdisciplinaire autour du robot chirurgical.

L'analyse des données produites a abouti à plusieurs résultats. Tout d'abord, nous avons mis en évidence la logique sous-jacente et les effets spécifiques du robot chirurgical. Ces effets spécifiques du robot sont cependant à nuancer dans la mesure où certains d'entre eux peuvent être modulés par la mise en place d'espaces de discussion voués à l'apprentissage par le travail. Enfin, le redesign organisationnel concomitant à l'introduction du robot chirurgical se voit contraint par l'application des règles du nouveau management public dans l'établissement hospitalier étudié.

Mots-clés : robot chirurgical, bloc opératoire, effets spécifiques, activité, configuration.

ABSTRACT
The impact of the surgical robot on operating room activity

We are interested in this article in the impact of the introduction of a technology such as the surgical robot on the activity that takes place in an operating room located within a Regional University Hospital Center of the Grand Est region (France).

From a pragmatist perspective aiming at the co-construction of meaning with the actors of the field, we carried out a documentary research on the subject, observations within the operating room, video recording and photographs of a three-hour urology surgery, self-confrontation interviews with the team members who have participated in the filmed intervention as well as an inter-professional and interdisciplinary workshop on the surgical robot.

The analysis of the data produced yielded several results. First of all, we highlighted the underlying logic and the specific effects of the surgical robot. These specific effects of the robot, however, must be qualified to the extent that some of them can be modulated by the implementation of discussion spaces dedicated to work-based learning. Finally, the organizational redesign that coincides with the introduction of the surgical robot is constrained by the application of the rules of the new public management in the hospital studied.

Keywords: surgical robot, operating room, specific effects, activity, configuration.
JEL Codes : I100, L200, M1.

INTRODUCTION

La chirurgie traditionnelle est une chirurgie ouverte, qui consiste à « ouvrir » le patient à l'endroit de l'intervention prévue jusqu'à atteindre l'organe visé. Les orifices naturels permettent d'atteindre l'endroit plus directement. C'est le cas par exemple en otorhinolaryngologie (ORL) où il s'agit d'opérer l'oreille, le nez et le larynx. L'incision et l'exposition des organes en vue de l'intervention sont plus délicates dans certaines spécialités comme l'urologie notamment lorsqu'il s'agit d'atteindre le rein du patient. Si la chirurgie ouverte présente des avantages en termes de temps d'installation du patient et d'intervention et ne nécessite pas d'investissements très importants, elle nécessite plus de temps de récupération et d'hospitalisation, et engendre plus de risques pour les patients en termes d'infection et de complication.

La laparoscopie qui se développe depuis la fin des années 1980, consiste à réaliser une opération chirurgicale que l'on nomme "mini-invasive". Elle est différente de la chirurgie classique puisqu'elle est effectuée grâce à de simples incisions juste assez grandes pour accueillir les « trocarts » qui sont des sortes de tubes transparents par lesquels les instruments chirurgicaux passent ainsi que l'endoscope qui va permettre de diffuser sur un écran, l'image interne de la partie du corps du patient qui est concernée par l'intervention. Par rapport à la chirurgie ouverte, la laparoscopie présente des bénéfices en termes de diminution du séjour hospitalier, du taux de complications pariétales et de la douleur postopératoire, d'amélioration des résultats cosmétiques et de retour plus rapide à une activité normale (Pugin et al. 2011). Toutefois, certaines zones comme l'abdomen et les épaules notamment, peuvent rester sensibles durant quelques jours après l'opération en raison du gaz carbonique injecté dans le corps pour exposer les zones à visualiser et à opérer.

La laparoscopie nécessite cependant un entraînement spécifique pour acquérir les compétences propres à cette technique. En effet, les instruments utilisés ne possèdent que quatre degrés de liberté avec un point d'entrée fixe réalisant un effet de bras de levier qui amplifie l'amplitude des mouvements, ce qui diminue la précision du geste chirurgical et accentue le tremblement physiologique. En outre, le chirurgien ne contrôle plus la vision du champ opératoire qu'il visualise sur un écran qui offre une image bidimensionnelle (2D) qui est donc sans profondeur de champ. La laparoscopie possède ainsi des limites intrinsèques liées à l'introduction d'une interface technique simple entre le patient et le chirurgien et nécessite un apprentissage long et difficile car elle impose une gestuelle non physiologique, contrainte par la vision en deux dimensions, un décalage entre la cible anatomique et l'écran de contrôle, des mouvements de la main réduits, une inversion des gestes (pour déplacer une pince vers la droite, la main tenant la pince doit aller vers la gauche), et des postures ergonomiques difficiles pour l'opérateur (Pugin et al. 2011 ; Valverde et al., 2014).

En comparaison, le robot chirurgical qui entre dans les blocs opératoires au début des années 2000, restitue un acte chirurgical plus intuitif et apporte des solutions aux limites intrinsèques de la laparoscopie. Il s'agit toujours d'introduire des « trocarts » dans le corps du patient mais cette fois-ci les instruments sont contrôlés à distance par le biais d'une console vidéo offrant une vision en trois dimensions de l'endroit à opérer. La chirurgie robotique comprend un système informatique qui améliore la transition entre les différents modes de commande dont notamment le contrôle de l'optique, le contrôle des instruments, et le repositionnement des manettes (Pugin et al., 2011).

On utilise parfois, par facilité, l'expression « chirurgie robotique » qui semble opposer la robotique à la laparoscopie alors que la robotique n'est qu'un complément technologique destiné à faciliter la procédure laparoscopique. Le terme de « robot » est un raccourci sémantique pour désigner cette nouvelle technologie qui est véritablement un outil d'aide à la laparoscopie. Plutôt que de chirurgie robotique, il conviendrait ainsi de parler de « chirurgie laparoscopique assistée par télémanipulation » (Valverde et al., 2014).

Si le coût direct du robot est très élevé par rapport à la laparoscopie simple et à la chirurgie ouverte, des études mettent en évidence ses avantages en termes de diminution des coûts hospitaliers, dont des douleurs postopératoires moindres chez le donneur avec une baisse de l'utilisation des morphiniques et un arrêt plus précoce de leur prescription, une baisse de la consommation globale d'antalgiques, une durée d'hospitalisation plus courte et une reprise du travail plus précoce, l'amélioration des résultats cosmétiques, des complications postopératoires et un taux de morbidité plus faibles, notamment pour les patients obèses et/ou sous anticoagulants (Defortescu G., Tillou X. et al., 2016 ; Pugin et al., 2011).

La chirurgie robot-assistée n'est pas encore utilisée dans tous les blocs opératoires et ne pourra pas être totalement généralisée dans la mesure où elle ne s'applique pas à toutes les spécialités et à tous les patients. Elle est vouée à coexister avec d'autres techniques comme la chirurgie ouverte ou la laparoscopie. Depuis le début des années 2000, les hôpitaux ont, dans leur grande majorité, fait l'acquisition d'un robot chirurgical, même si ce dernier est parfois resté relégué dans un coin du bloc à prendre la poussière, par manque de personnel formé à son utilisation. La question des effets spécifiques sur l'organisation et l'activité d'un bloc opératoire, d'une technologie telle que la chirurgie robotique, représente un intérêt pour les établissements hospitaliers qui ont recours ou qui souhaitent développer la chirurgie robotique.

Après avoir présenté notre ancrage théorique autour de la question de l'impact de la technologie sur l'organisation (1), nous exposerons notre démarche épistémologique et méthodologique (2), avant de mettre en évidence la logique de la technologie étudiée (3), les effets spécifiques du robot chirurgical (4) et les modulations possibles de ces effets par les espaces de discussion (5). Enfin, nous mettrons en avant les contraintes du redesign organisationnel concomitant à l'introduction du robot chirurgical liées notamment à l'application des règles du nouveau management public dans l'établissement hospitalier étudié (6).

1. L'IMPACT DE LA TECHNOLOGIE SUR L'ORGANISATION

La question de l'impact de la technologie sur l'organisation est assez ancienne. Elle s'est imposée dans les années qui ont suivi la seconde guerre mondiale avec l'arrivée de nouvelles technologies d'automatisation dans l'industrie puis a connu un regain d'intérêt dans les années quatre-vingt avec le développement des technologies micro-électroniques dans les milieux de travail. Elle se fait beaucoup plus rare aujourd'hui ou se pose différemment, en termes d'apprentissage ou de changement organisationnel. Il est généralement admis que plusieurs éléments entrent en jeu dans les changements qui entourent l'implantation d'une nouvelle technologie, dont l'organisation du travail, les savoir-faire explicites et tacites, les modalités l'implantation des technologies, les représentations sociales locales, les jeux de pouvoir entre les acteurs (Alsène, 1990).

Alsène (1990) remet en cause le déterminisme technologique, tout en reconnaissant que l'introduction de nouvelles technologies n'est pas sans conséquences pour l'organisation. Ainsi, selon l'auteur, le dépassement du problème n'est pas à trouver dans le rejet total du déterminisme technologique et l'adoption de l'une des approches qui le critiquent, mais plutôt dans l'intégration sélective des divers points de vue en présence. L'approche proposée est intéressante en ce qu'elle intègre plusieurs aspects et effets de la technologie qui nous semblent pertinents pour l'étude de notre terrain de recherche.

Premièrement, aucune technologie introduite dans une organisation ne serait véritablement neutre et s'accompagnerait d'un certain type de design organisationnel et d'une certaine logique structurante. Ainsi, la technologie incorporerait la vision technique et sociale de ses concepteurs et de ses producteurs, par ailleurs insérés dans des rapports de pouvoir et des cultures organisationnelles propres.

Cependant, la compréhension des choix explicites et implicites, qui ont présidé à la constitution d'une technologie ne permettrait pas de cerner les formes concrètes de la logique organisationnelle portée par la technologie en question. Et si l'analyse de ces choix permet de dévoiler la logique véhiculée par la technologie, elle ne suffit pas à appréhender les contraintes organisationnelles que celle-ci impose en pratique.

Par ailleurs, toute technologie n'engendrerait pas seulement des contraintes mais offrirait aussi des opportunités pour l'organisation. Alsène (1990) parle de « design organisationnel implicite » pour évoquer la traduction concrète et spécifique de la logique organisationnelle portée par la technologie et ajoute que l'organisation qui se dote d'une nouvelle technologie n'est pas condamnée à subir le design organisationnel implicite accompagnant cette dernière.

La logique inscrite dans une technologie ne serait pas quelque chose de figé une fois pour toutes. Il est possible d'exiger du fournisseur des ajustements dans la technologie livrée, mais aussi de « jouer » sur les contraintes et les opportunités organisationnelles qui constituent le design implicite porté par la technologie.

Deuxièmement, il existe des « effets spécifiques » de la technologie sur l'organisation, renvoyant au design organisationnel implicite véhiculé par la technologie, ces effets étant engendrés par les contraintes et les opportunités organisationnelles de la technologie. Ces effets spécifiques d'une technologie sur l'organisation sont toutefois « modulés » par le mode de gestion du changement technologique, notamment par la « gestion organisationnelle » du changement technologique, les effets pouvant être décuplés ou allégés par les choix qui entourent la gestion du changement.

Enfin, les choix organisationnels qui accompagnent un changement technologique seraient limités. La logique portée par la technologie fixe des limites, mais également des marges de manœuvre, à la modulation que l'on peut effectuer de ces effets. Il y aurait une sorte de « champ de design » circonscrit par la logique organisationnelle que la technologie véhicule.

Selon Alsène (1990), le travail de recherche concernant la détermination de l'organisation engendrée par la technologie devrait se réorienter vers ce qu'imposent ou permettent les nouvelles technologies en termes organisationnels lors de leur introduction dans l'organisation, c'est-à-dire, d'une part, l'identification des effets spécifiques de ces technologies sur l'organisation, et d'autre part, l'identification des marges de manœuvre et des limites dans la gestion organisationnelle du changement technologique correspondant.

Nous proposons d'analyser l'introduction de la robotique dans les blocs opératoires à partir du cadre théorique qui vient d'être présenté. Plus précisément, nous chercherons à identifier la logique sous-jacente au développement de la chirurgie robotique et les « effets spécifiques » du robot chirurgical sur l'organisation du bloc opératoire, qui font notamment référence au « design organisationnel implicite » accompagnant la mise en place des robots dans le domaine de la chirurgie. Puis nous chercherons à saisir comment ces effets spécifiques sont « modulés » par la gestion du changement technologique, en mettant en évidence les marges de manœuvre et les limites du redesign organisationnel intervenant au moment de l'introduction du robot chirurgical dans les blocs opératoires.

2. NOTRE DÉMARCHE ÉPISTÉMOLOGIQUE ET MÉTHODOLOGIQUE

Nous adoptons une approche pragmatiste qui considère que la pensée et l'action constituent un processus de transformation du monde continûment investi de sens, et que l'expérience humaine est une quête toujours renouvelée de signification, ancrée dans la poursuite de fins pratiques (Lorino, 2016). Notre démarche méthodologique tient compte des trois concepts-clés du pragmatisme (Lorino, 2016, p. 281) : la médiation sémiotique reliant de manière récursive la situation d'action singulière dans laquelle se trouvent les acteurs à une expérience sociale et à une histoire ; l'enquête mettant en œuvre de manière inséparable la pensée narrative, le raisonnement logique et l'action expérimentale ; et le dialogisme postulant que le sens émerge de processus d'échanges en actes, sans lesquels aucun des acteurs en présence ne serait parvenu à la même compréhension de la situation.

Afin d'appréhender les impacts du robot chirurgical sur l'activité des blocs opératoires, nous avons étudié le cas d'un bloc opératoire utilisant la chirurgie robotique à partir de plusieurs outils méthodologiques (Yin, 2008) tels que des observations, un enregistrement vidéo et des entretiens d'auto-confrontation.

Des observations ont eu lieu au tout début de notre recherche afin de mieux comprendre le contexte des membres qui composent l'équipe du bloc opératoire étudié, ainsi que la place et le rôle de chacun dans l'équipe. Puis des observations ont été réalisées pour préparer l'enregistrement vidéo qui était à venir. Enfin une observation *in situ* a été effectuée pendant la captation vidéo afin d'anticiper l'analyse de celle-ci en identifiant les moments-clés de l'intervention.

La collecte de vidéos donne une trace précise de l'activité chirurgicale, ce qui permet de transcrire les interactions verbales, mais aussi de décrire les interactions non verbales qui ont lieu pendant l'intervention. La vidéo est une base pour les entretiens d'auto-confrontation (Clot & al., 2000) qui permettent de revenir sur le déroulement de l'activité.

Nous avons ainsi filmé et analysé une intervention chirurgicale de trois heures. Pour compléter les observations et l'enregistrement vidéo, des entretiens d'auto-confrontation avec chaque membre de l'équipe chirurgicale ont été effectués. Enfin, une restitution a été réalisée, suivie d'une discussion sur les résultats avec les acteurs concernés.

L'activité analysée se déroule dans un bloc opératoire composé d'un chirurgien fortement expérimenté, d'un jeune interne qui assiste le chirurgien durant l'intervention, d'un médecin anesthésiste qui se partage entre plusieurs salles opératoires, d'une infirmière anesthésiste diplômée d'Etat (IADE) qui assiste ou prend le relai du médecin anesthésiste lorsqu'il est dans une autre salle, d'une infirmière de bloc opératoire diplômée d'Etat (IBODE) instrumentiste qui fournit les instruments à l'interne ou au chirurgien, et d'une IBODE circulante qui intervient sur certains appareils et va rechercher des instruments en cas de besoin.

D'autres acteurs gravitent autour du bloc opératoire ou y interviennent ponctuellement : les brancardiers qui sont chargés d'amener les patients au blocet de les récupérer en fin d'intervention, les agents d'entretien qui nettoient avant et après chaque intervention, les cadres de santé qui s'assurent du bon déroulement des plannings et qui ne sont jamais loin des blocs, les externes qui assistent parfois à tout ou partie de l'intervention, les formateurs à la chirurgie robotique qui viennent observer et noter quelques exemples de cas pédagogiques, et les chercheurs comme nous qui viennent observer et analyser l'activité. De fait, les membres des équipes de bloc sont habitués à voir circuler du monde autour d'eux et à être observés durant leur activité.

Pour compléter nos connaissances sur les effets du robot chirurgical sur l'activité au bloc opératoire, nous avons organisé, avec un chirurgien et des formateurs à la chirurgie robotique, un workshop sur le robot chirurgical qui avait pour ambition de croiser les regards de façon à la fois interprofessionnelle, en conviant des chirurgiens mais aussi des anesthésistes et des personnels infirmiers, et interdisciplinaire, en conviant des chercheurs en sciences de gestion, ergonomie et relations homme-machines.

3. LE ROBOT CHIRURGICAL : QUELLE LOGIQUE SOUS-JACENTE ?

Comme nous l'avons vu, la laparoscopie a vu le jour en faveur des patients pour son caractère mini-invasif, mais ne facilitait pas le travail des chirurgiens qui devaient tenir la caméra d'une main et l'instrument de l'autre, tout en gardant une position peu confortable durant parfois plusieurs heures. En comparaison, la chirurgie robot-assistée est venue améliorer les conditions de travail des chirurgiens qui peuvent opérer en étant assis, avec une vision endoscopique plus précise. Toutefois, la chirurgie robotique ne peut totalement supplanter la technique traditionnelle de la chirurgie en voie ouverte, qui subsiste notamment pour des patients qui se sont déjà fait opérer par le passé ou qui présentent certaines caractéristiques pathologiques particulières.

Et si la chirurgie robotique présente des avantages pour le patient et pour le chirurgien, le dispositif robotique a été développé en vue d'une condition spécifique : l'intervention chirurgicale à distance. Il était ainsi prévu au départ que le chirurgien puisse opérer depuis une console située parfois à plusieurs milliers de kilomètres du lieu de l'intervention chirurgicale, le patient pouvant se situer sur un champ de bataille par exemple.

Les dispositifs de chirurgie robotique ont ainsi intégré un système informatique de commande à la console chirurgicale, améliorant la transition entre les différents modes de commande (contrôle de l'optique, contrôle des instruments, repositionnement des manettes) et permettant la digitalisation du geste chirurgical et de l'image grâce à une interface électromécanique et informatique (Pugin et al., 2011).

Cependant, étant donné l'échec lié à des soucis techniques de transmission lors de plusieurs tests de déploiement à distance du dispositif robotique, celui-ci s'est finalement cantonné à une seule et même salle opératoire. Il est constitué de trois éléments qui sont reliés entre eux par des câbles électriques : le chariot-patient, la colonne vidéo (source de lumière, caméra, insufflateur) et la console (Valverde et al., 2014).

Depuis 2009, le dispositif robotique offre également la possibilité de coupler une deuxième console à celle du chirurgien. Cette innovation permet à un chirurgien novice d'être accompagné d'un mentor lors d'une intervention, augmentant la sécurité lors de l'accomplissement de la courbe d'apprentissage.

La logique sous-jacente à la technologie robotique en chirurgie se traduit principalement par une séparation et un éloignement relatif du chirurgien par rapport au patient et au reste de l'équipe. Nous verrons que cela a des effets sur la configuration du bloc opératoire.

4. LES EFFETS SPÉCIFIQUES DU ROBOT CHIRURGICAL SUR LE SYSTÈME DU BLOC OPÉRATOIRE

Nous allons nous intéresser aux effets spécifiques du robot chirurgical sur le système du bloc opératoire. Le robot chirurgical peut être considéré comme une technologie qui se définit de façon générale comme un ensemble d'outils, de matériels, de savoirs et de pratiques dans un certain domaine. Le bloc opératoire peut quant à lui être perçu comme un système sociotechnique complexe car il comprend de nombreux acteurs et objets voire types d'acteurs et d'objets qui agissent selon certaines règles et selon les situations rencontrées qui ne sont jamais parfaitement maîtrisées ni maîtrisables.

L'introduction du robot chirurgical tel qu'il a été conçu dans la logique de départ, a des effets sur la configuration du bloc opératoire, sur la communication entre les membres de l'équipe et sur le sens du travail. En outre, les obstacles à la communication et au travail en équipe sont amplifiés par la séparation spatiale et temporelle observée à l'intérieur et à l'extérieur de la salle d'opération. Avant de mettre en exergue les différents effets spécifiques de la chirurgie robotique, il nous semble important de représenter la configuration-type d'un bloc opératoire utilisant le robot chirurgical (voir schéma 1).

Schéma 1 : Configuration-type du bloc opératoire utilisant le robot chirurgical

<table>
<tr><td>Console 2 (rarement utilisée)</td><td>Bras du robot</td><td>Écran en 2D</td><td rowspan="3">Pare-champ</td><td>Tours de monitoring et câblages</td></tr>
<tr><td>Console 1
Chirurgien</td><td colspan="2">Patient</td><td>Anesthésiste et IADE</td></tr>
<tr><td>IBODE circulante</td><td>IBODE instrumentiste</td><td>Interne</td><td>Tours de monitoring et câblages</td></tr>
</table>

4.1. Une configuration du bloc opératoire et une installation du patient contraintes par le robot

Le système robotique comprend une console, un chariot-patient et les bras du robot. S'il possède des avantages, le robot limite les possibilités de configuration. En fonction de l'emplacement de la porte d'entrée, de la taille de la salle opératoire, des câbles et des moniteurs prévus pour l'anesthésie, il n'y a pas de multiples possibilités pour positionner dans l'espace, la console et les bras du robot. Dans tous les cas, les bras du robot vont être installés d'un côté du patient, alors que de l'autre côté se trouveront l'interne et l'IBODE instrumentiste. La console sera positionnée en retrait par rapport au patient et au reste de l'équipe, contraignant le chirurgien à opérer en étant à l'écart du reste de l'équipe. En comparaison à la laparoscopie et encore plus à la chirurgie ouverte, le rapport du chirurgien au patient change. En début d'intervention, l'installation du patient est plus longue car la position doit être adaptée au robot dont la mise en place prend également du temps, et les points d'appui doivent être bien étudiés dans la mesure où l'intervention sera relativement longue. Ainsi, le chirurgien va être préoccupé au départ par l'installation du patient. En revanche, durant l'intervention, le chirurgien va opérer depuis sa console qui est installée en retrait du patient.

4.2. Des sentiments de confinement et d'isolement amplifiés par le dispositif robotique

Durant l'intervention, le chirurgien échange principalement avec les personnes à proximité, notamment l'IBODE instrumentiste et l'interne, et n'a, en dehors du début et de la toute fin d'intervention, aucune interaction directe avec l'équipe anesthésiste. Par ailleurs, le robot chirurgical qui vient s'ajouter à l'attirail matériel déjà important (tours de monitoring, câbles, pare-champ…), sépare encore davantage le pôle anesthésie du reste de l'équipe et crée une impression de confinement. Les acteurs parlent de « frontière » ou encore de « bulle ». Cette impression de confinement est amplifiée par la panne du deuxième écran en 2D (répétiteur) qui permet en temps normal aux anesthésistes de suivre l'intervention et de savoir où en est le protocole opératoire. Ces sentiments de confinement et d'isolement ne concernent pas uniquement l'équipe anesthésiste. En effet, le chirurgien qui opère face à sa console, pose à certains moments des questions ou expriment des sentiments qui restent sans réponse. Enfin, l'IBODE circulante se trouve également éloignée du reste de l'équipe et peut rester parfois plus d'une heure sans interaction avec les autres membres.

4.3. Les interactions et tensions durant l'intervention

De façon générale, on observe moins de tensions au début de l'intervention lorsque le chirurgien est en train d'installer le patient et le robot, entouré de son équipe. La communication semble alors plus « naturelle » et détendue, les interactions verbales étant accompagnées de gestes et de regards. En revanche, les interactions sont davantage sous tension pendant l'intervention, lorsque le chirurgien se trouve à sa console et éloigné du reste de l'équipe. Il arrive alors qu'il donne une consigne et que ni l'IBODE instrumentiste ni l'interne ne verbalisent s'ils l'ont bien reçue, laissant le chirurgien dans le doute. C'est d'autant plus problématique que tous avouent qu'ils n'entendent pas toujours les autres étant donné la distance entre le chirurgien et le reste de l'équipe, les bruits environnants et la portée limitée de la voix lorsqu'elle est tournée vers un objet tel que la console robotique. Les systèmes sonores actuels intégrés au robot permettent d'assurer une meilleure transmission des consignes et des retours au moins entre chirurgien et interne, mais n'étaient pas installés sur la version que possède le bloc étudié. Par ailleurs, les actes de communication du chirurgien vers l'interne sont très directifs et laissent peu de place à l'apprentissage ou au compagnonnage qui sont davantage développés dans les autres types de chirurgie.

4.4. Les problèmes de communication sécurisée comme facteur de risque

Au-delà des tensions dans les interactions entre les membres de l'équipe de bloc, les problèmes de communication sécurisée représentent également un facteur de risque. La communication sécurisée est pratiquée dans l'armée et l'aviation pour assurer un niveau minimum d'intercompréhension. Elle consiste à vérifier que ce qui a été dit ou entendu correspond bien au message donné ou reçu. Même si les IBODE et l'interne sont sensibilisés à la communication sécurisée, il leur arrive de ne pas verbaliser ce qu'ils font suite à une consigne du chirurgien, ce qui peut créer de l'impatience chez le chirurgien et de l'agacement chez l'IBODE qui a bien pris en compte la consigne. Ces problèmes de communication sécurisée sont facteurs de risque dans la mesure où le chirurgien ne voit ni les objets qui passent hors de son champ visuel comme une aiguille ou une compresse, ni ce que font l'IBODE et l'interne, si bien que la communication verbale devient essentielle pour garantir la santé et la sécurité des patients, en évitant par exemple que des objets restent dans le corps du patient.

4.5. L'évaluation des situations durant l'intervention

Un autre facteur de risque est lié à la gêne et la peur de déranger le chirurgien. Ce dernier est tourné vers la console dans laquelle il a la tête enfouie, si bien qu'il apparaît délicat de le déranger. Cette gêne est d'autant plus importante lorsque le chirurgien est connu pour apprécier le calme notamment à certains moments critiques de l'intervention. Les membres de l'équipe et notamment les anesthésistes et les IADE, vont préférer passer par les infirmières pour avoir des informations. Il s'agit souvent de demander où en est le protocole opératoire pour savoir s'ils peuvent réduire la sédation, mais il peut s'agir également d'évoquer un problème. Dans ce cas, ce sont les IBODEs qui vont évaluer certaines situations et décider s'il est nécessaire de déranger le chirurgien pour lui poser directement la question.

5. DISCUSSION : QUELLES MARGES DE MANŒUVRE ?

Comme nous l'avons vu, l'introduction de la robotique au bloc opératoire engendre une configuration du bloc et une installation du patient particulières, amplifie l'impression de confinement et d'isolement des membres de l'équipe notamment du fait de la distance entre le chirurgien et le reste de l'équipe, et modifie les interactions, la communication et l'évaluation des situations durant l'intervention.

Certains de ces effets semblent irrémédiables, tout du moins tant que la technologie n'évoluera pas. En effet, le système robotique prévoyait cette distance entre le chirurgien et le reste de l'équipe parce qu'il a été conçu au départ pour pouvoir opérer à distance. Les tests effectués pour mettre en œuvre cette fonctionnalité ont été et sont encore pour la plupart peu concluants. En revanche, le brevet de la technologie arrivant à terme, des questions se posent quant à la possibilité de prendre en compte certaines contraintes et d'améliorer le système, en rapprochant le chirurgien de l'équipe et du patient.

Un certain nombre d'écueils pourraient toutefois être évités si toutes les fonctionnalités de la technologie étaient utilisées. L'utilisation des microphones pourrait ainsi sans doute améliorer la communication. Le deuxième écran pourrait diminuer l'impression de confinement du pôle anesthésie. Nous avons également vu que le chirurgien était très directif avec l'interne qui l'assiste, ce qui laissait peu de place à l'apprentissage. Le bloc est pourtant équipé d'une deuxième console robotique qui pourrait être utilisée pour l'apprentissage de l'interne.

Notons toutefois que certains effets que nous venons de mettre en exergue sont également amplifiés par le cloisonnement qui existe au niveau des réunions, des rythmes de travail et des salles de pause. En effet, les réunions ne rassemblent jamais l'ensemble des membres du bloc : des staffs se déroulent en présence du chirurgien et de l'interne pendant que l'anesthésiste, l'IADE et les IBODEs voient le patient et/ou préparent le bloc opératoire. Par ailleurs, les rythmes de travail et les espaces de pause, sont différents entre les membres de l'équipe. Les fortes contraintes des uns et des autres, dont notamment les différents horaires de travail ou le fait de se partager entre plusieurs salles en même temps, permettent difficilement de prévoir des briefings et débriefings collectifs et limitent les échanges entre les membres au sein et en dehors du bloc.

Nous pouvons conclure que la technologie a des effets spécifiques sur le système de santé que constitue le bloc opératoire, mais que, d'une part, certains de ses effets spécifiques sont amplifiés par des facteurs organisationnels qui sont eux-mêmes liés à un contexte politique difficile, et que d'autre part, certains effets pourraient être atténués voire évités si l'organisation était davantage apprenante et proposait des espaces de discussion (Wannenmacher, 2018). Ainsi, les conditions d'exercice au bloc opératoire pourraient être différentes si le contexte organisationnel et plus généralement l'environnement des hôpitaux publics, étaient plus favorables aux espaces et échanges interprofessionnels.

Dans les espaces collectifs de discussion mis en évidence par Detchessahar et al. (2015, 2017), l'apprentissage centré sur l'action et les objets réflexifs et interactifs, produit des résultats directement applicables à des situations réelles. Ce type d'apprentissage est contextualisé et intégré dans le travail quotidien, au sein du collectif et de l'espace de travail (Seppänen et al., 2017 ; Adler et al., 2008). La réflexivité qui intervient dans ce type d'apprentissage, projette les professionnels dans l'espace de l'anticipation et de l'imagination d'autres actions possibles, hors de la seule temporalité de l'action (Seppänen et al., 2017).

Ces espaces de discussion seraient notamment l'occasion de développer des compétences non-techniques. En effet, avec le développement de la chirurgie robot-assistée, le développement de compétences techniques est nécessaire. Ces dernières font référence à l'action psychomotrice et aux facultés mentales acquises par la pratique et l'apprentissage, à la dextérité manuelle et à la bonne coordination œil-main (Agha et al., 2015).

Les recherches montrent cependant de plus en plus que les dommages chirurgicaux ne résultent pas seulement de compétences techniques déficientes. Les compétences non-techniques sont également à prendre en compte dans le domaine chirurgical. Elles comprennent notamment la conscience situationnelle, la prise de décision, la communication, le travail d'équipe et le leadership (Agha et al., 2015). Hull et al. (2012) se sont intéressés à l'impact de compétences non-techniques sur la performance chirurgicale et ont ainsi montré à partir d'une revue de littérature de 28 articles sur le sujet, que les retours d'information et la gestion d'événements stressants au bloc opératoire, avaient un impact bénéfique sur la performance technique. Inversement, les niveaux de fatigue élevés et l'échec du travail d'équipe étaient fortement associés à l'erreur technique.

Selon Yule et Paterson-Brown (2012), les compétences techniques sont nécessaires, mais ne sont toutefois pas suffisantes pour maintenir de hauts niveaux de performance. Les compétences non-techniques sont tout aussi, sinon plus, importantes pour viser un résultat optimum pour le patient subissant la chirurgie. Ces compétences non-techniques n'ont cependant jamais été formellement reconnues, enseignées, ou évaluées. Toutefois, plusieurs études ont révélé que les chirurgiens croient que ces compétences sont essentielles pour opérer de façon sûre et performante, et qu'elles sont absentes dans les cas d'événements défavorables aux patients opérés.

CONCLUSION

Nous avons montré que la logique sous-jacente de la chirurgie robotique comportait deux aspects : l'amélioration des conditions de travail des chirurgiens durant l'intervention et la possibilité de réaliser des interventions à distance, bien que ce dernier objectif n'ait pas été atteint. Le robot chirurgical développé selon cette logique, possède plusieurs effets spécifiques notamment sur la configuration du bloc opératoire qui est relativement contrainte et qui entraîne des sentiments de confinement et d'isolement de la part des anesthésistes ainsi que des obstacles à la communication et aux interactions qui se déroulent dans un climat relativement tendu. Cependant, la communication, le travail en équipe et la prise de décision pourraient être nettement améliorés par une meilleure utilisation de la technologie mais aussi par le développement d'espaces de discussion qui permettraient d'échanger et d'apprendre à partir de l'analyse du travail. La mise en place d'espaces de discussion réunit les conditions de développement de toutes ces compétences non-techniques : un meilleure partage et une meilleure compréhension des informations et des connaissances par l'ensemble des membres de l'équipe (conscience situationnelle), une meilleure communication entre les membres de l'équipe qui peut conduire à un travail en équipe plus harmonieux et dynamique, un leadership distribué et conforté par les espaces d'échanges, et une prise de décision plus collective et fiable.

Le redesign organisationnel est cependant fortement contraint par le contexte plus général des hôpitaux publics. En effet, les organisations publiques ont entamé de nombreuses réformes depuis les années 1990, regroupées sous le terme de « Nouvelle Gestion Publique » (NGP). Si les principes de cette NGP ont eu des effets positifs notamment en termes d'outils de gestion et de pilotage des objectifs stratégiques, de gestion des effectifs et de la masse salariale, et d'amélioration du fonctionnement des organisations publiques, de nombreux effets pervers sont à déplorer, et tout particulièrement les injonctions paradoxales entre la volonté des directions d'aller davantage vers une réflexion stratégique et le fait d'être empêtrées dans la construction de nombreux indicateurs et tableaux opérationnels détaillés, entre une culture administrative et organisationnelle forte et son déni par le déploiement d'outils de gestion non spécifiques, et entre deux sources de légitimité, l'importance du service public *versus* la nécessité de l'efficacité marchande (Emery et Giauque, 2005 ; Bellini et al., 2018).

Bellini et al. (2018) ont montré que dans un tel contexte, les espaces de discussion offrent aux salariés l'opportunité d'exprimer et de débattre des paradoxes et des difficultés qu'ils vivent dans leur travail, la possibilité de confronter leurs points de vue à la fois sur des aspects très concrets et sur des sujets plus fondamentaux pour l'organisation, et la rencontre voire l'articulation de discours qui étaient auparavant parallèles et/ou dans l'ignorance réciproque, permettant de construire un sens collectif.

Cependant, la régulation permise par les espaces de discussion ne fait pas pour autant disparaître les tensions inhérentes à ces paradoxes et reste donc fragile. Les auteurs rejoignent Detchessahar et al. (2015) sur l'importance de développer une véritable ingénierie des espaces de discussion et mettent en avant le rôle que pourraient jouer les gestionnaires publics dans la mise en place d'instances d'échanges et de coordination.

Comme nous venons de le voir, les effets du robot sont amplifiés par le contexte organisationnel qui est lui-même impacté par les coupes budgétaires et l'application des règles du nouveau management public dans l'hôpital public étudié. Pour isoler les effets d'une technologie comme le robot chirurgical sur l'organisation des blocs opératoires, il est donc important d'élargir le champ de vision en prenant en compte les facteurs organisationnels liés au contexte général des hôpitaux publics, qui ont également des effets sur les situations observées au bloc, et en prenant en compte la manière dont se déroule ou se poursuit l'activité au-delà du bloc opératoire. Les espaces de discussion développés dans une perspective pragmatiste, sont une piste fort enthousiasmante dans la mesure où ces espaces permettent de construire ensemble des innovations sociales prenant en compte à la fois le contexte spécifique et l'environnement plus global de la situation de gestion vécue.

BIBLIOGRAPHIE

ADLER, P., KWON, S.-W. & HECKSCHER, C., 2008, Professional work: the emergence of collaborative community, *Organization Science*, 19(2), p. 359–376.

AGHA, R.A., FOWLER, A.J., SEVDALIS, N., 2015, The role of non-technical skills in surgery. Annals of Medicine and Surgery 4, 422-427.

ALSÈNE, E., 1990, Les impacts de la technologie sur l'organisation. In: Sociologie du travail, 32e année n°3, Juillet-septembre 1990. pp. 321-337

BELLINI, S., DREVETON, B., GRIMAND, A. & OIRY, E., 2018, Les espaces de discussion : un vecteur de régulation des paradoxes de la Nouvelle Gestion Publique ?. *Revue de gestion des ressources humaines*, 107,(1), 3-22. doi:10.3917/grhu.107.0003.

CLOT, Y., FAÏTA, D., FERNANDEZ, G. et SCHELLER, L., 2000, Entretiens en autoconfrontation croisée : une méthode en clinique de l'activité. Perspectives interdisciplinaires sur le travail et la santé (2-1).

DEFORTESCU, G., TILLOU, X., 2016, La chirurgie robot-assistée en transplantation rénale, Progrès en Urologie – FMC, 26:F67–F72.

DETCHESSAHAR, M., GENTIL, S., GREVIN, A. & JOURNÉ, B., 2017, Entre cacophonie et silence organisationnel, concevoir le dialogue sur le travail. Le cas de projets de maintenance dans une industrie à risque. Annales des Mines - Gérer et comprendre, 130(4), 33-45.

DETCHESSAHAR, M., GENTIL, S., GREVIN, A. & STIMEC, A., 2015, Quels modes d'intervention pour soutenir la discussion sur le travail dans les organisations ? Réflexions méthodologiques à partir de l'intervention dans une clinique, *@GRH*, 2015/3 (n°16), pp. 63-89.

EMERY, Y. et GIAUQUE, D., 2005, Paradoxes de la gestion publique, Série Conception et dynamique des organisations, Paris : L'Harmattan, 251 p.

HULL, L., ARORA, S., AGGARWAL, R., DARZI, A., VINCENT, C., SEVDALIS, N., 2012, "The impact of nontechnical skills on technical performance in surgery: a systematic review", J. Am. Coll. Surg. 214, pp. 214-230.

PUGIN, F., BUCHER, P., MOREL, P., 2011, Histoire de la chirurgie robotique : d'AESOP à Da Vinci® en passant par Zeus®, *Journal de Chirurgie Viscérale*,148S, S3-S8.

SEPPÄNEN, L., KLOETZER, L. & RIIKONEN, J., 2017, Encourager la réflexion en chirurgie robotique : l'autoconfrontation croisée comme instrument de développement du travail interprétatif dans un environnement technologique complexe, *Psychologie du travail et des organisations*, Volume 23, Issue 2, juin, p. 117-136.

WANNENMACHER, D., 2018, Les défis socio-économiques liés à la chirurgie robot-assistée dans les blocs opératoires : espaces d'échanges et artefacts médiateurs, cahier spécial « Les mutations socio-économiques des acteurs de la santé », *Management & Avenir*, n°100, juin, pp. 209-223

VALVERDE, A., GOASGUEN, N. & OBERLIN, O., 2014, Chirurgie robotique ou cœlioscopie assistée par télémanipulation : généralités, *Journal de Chirurgie Viscérale*, 151, pp. 215-225.
YIN, R.K., 2008, Case Study Research. Design and Methods, Thousand Oaks: Sage, 4th ed.
YULE, S. & PATERSON-BROWN, S., 2012, Surgeons' Non-technical Skills, Surg Clin N Am, 92, pp. 37-50.

LA E-SANTE ET LE PATIENT 2.0 : LA COLONISATION DEMOCRATIQUE !

Jihane SEBAI
Université Paris-Saclay, UVSQ
Jihane.sebai@uvsq.fr

« La data ne pourrait-elle être une opportunité d'un potentiel comparable à l'invention des antibiotiques en matière de médecine ? » (Babinet, 2014).

RESUME

Depuis une quinzaine d'années on assiste à une rafale de nouvelles approches de prise en charge et de suivi dites « smart ». L'intelligence requise ne concerne pas le simple usage d'objets techniques technologiquement évolués mais relève plutôt du domaine de l'être et son bien-être. Dans le champ sanitaire, les prouesses technologiques suscitent des attentes nombreuses : rupture avec les solitudes et oubli de séniors abandonnés, réduction de la « technopénie » (Moulias, 2014), réinstauration de la solidarité, accentuation de la proximité, efficience des politiques de santé, sollicitude, bien-être et mieux-être et par-dessus tout une « harmonisation du « penser global » et de l'« agir local » » (Rialle, 2017). En gros, tous ces éléments s'accordent à apporter un confort au patient[43] en favorisant son implication et son engagement dans sa prise en charge et dans son parcours de soins et de santé. Ce changement d'approche connu sous le vocable de démocratie sanitaire nous amène à nous interroger sur la façon de concilier ces différentes pratiques pour un objectif commun à savoir celui de l'engagement du patient dans sa santé et son bien-être.

Mots-clés : Objets connectés, e-santé, empowerment, démocratie sanitaire.

---

[43] Le terme « patient » doit être compris comme un terme générique, incluant également le citoyen, l'usager, l'entourage, une commodité de langage nous conduisant à cette facilité, au risque de simplifier le sujet.

ABSTRACT
E-health and patient 2.0 : democratic colonization !

For the past fifteen years, we have witnessed a flurry of new so-called "smart" care and monitoring approaches. The required intelligence does not concern the simple use of technologically advanced technical objects but rather falls within the domain of being and its well-being. In the health field, thanks to the technological prowess that sets us apart, we can expect an improvement in health, a break with the loneliness and neglect of abandoned seniors, the reduction of "technopenia" (Moulias, 2014), a reinstatement of solidarity, an accentuation of proximity, an efficiency of health policies, a concern, for well-being and well-being and above all a "harmonization of "thinking global" and "acting local" " (Rialle, 2017). Basically, all of these elements combine to bring comfort to the patient by promoting their involvement and commitment in their care and in their care and health journey. This change in approach known as health democracy leads us to question how to reconcile these different practices for a common goal, namely that of patient engagement in their health and well-being.

Keywords: Connected objects, e-health, empowerment, health democracy.
JEL Codes: I10, I18, H51.

INTRODUCTION

Avec l'avènement d'Internet et la démocratisation des téléphones portables dits intelligents, l'usage des objets connectés reliés à des applications spécifiques devient de plus en plus courant. Télémédecine, e-santé, m-santé, santé connectée… à mesure que le numérique s'installe dans notre système de santé, on assiste en quize ans à une rafale de nouvelles approches de prise en charge et de suivi dites « smart ». L'intelligence requise ne concerne pas le simple usage d'objets techniques technologiquement évolués mais relève plutôt du domaine de l'être et son bien-être.

Dans le domaine de la santé cette tendance vise à réduire voire supprimer fortement d'innombrables sources de déperditions d'énergie, de dépenses inutiles, de choix non optimaux, de retards d'interventions, etc. et ceci grâce à des technologies de pointe dont la puissance se veut à la hauteur des défis importants et de plus en plus complexes. Les prouesses technologiques suscitent des attentes nombreuses :

amélioration des parcours de santé, rupture avec les solitudes et les oublis de séniors abandonnés, réduction de la « technopénie » (Moulias, 2014) désormais galopante et pas seulement chez les âgés. On observe également des attente en matière de réinstauration de la solidarité, de la proximité, de l'efficience des politiques de santé, de la sollicitude, d'un bien-être et un mieux-être et par-dessus tout une « harmonisation du « penser global » et de l'« agir local » » (Rialle, 2017). En gros, tous ces éléments s'accordent à apporter un confort au patient[44] en favorisant son implication et son engagement dans sa prise en charge et dans son parcours de soins et de santé. Ce changement d'approche connu sous le vocable de démocratie sanitaire nous amène à nous interroger sur la façon de concilier ces différentes pratiques pour un objectif commun à savoir celui de l'engagement du patient dans sa santé et son bien-être.

Au regard de la littérature mobilisée sur le sujet de la santé connectée et de l'engagement du patient notre article a pour objet de souligner les traits saillants du développement de la e-santé, les pratiques qui en découlent et surtout d'étudier la perception et le potentiel d'utilisation des objets connectés par les patients. Sur la base de l'étude bibliographique réalisée nous mettons en exergue deux grandes tendances de la recherche actuelle en santé digitale : l'une est définie par son enthousiasme et par son espoir à l'égard des nouvelles technologies de santé et de leurs promesses ; l'autre est plutôt critique traduisant par une certaine mise en garde vis-à-vis de l'utilisation « non appropriée » des objets connectés (Del Río Carral et al., 2017).

1. SANTE DIGITALE POUR UNE MEDECINE PARTICIPATIVE CONNECTEE

L'introduction de la doctrine e-santé peut interpeler et être objet de confusion avec celle de télésanté[45]. Créés tous les deux dans un but clairement affiché de développer un marché pour l'industrie de la santé numérique, on réserve les termes de télésanté « aux seules actions cliniques et curatives de la médecine utilisant les systèmes de télécommunication » (Ordre National des Médecins, 2015),alors qu'on associe la e-santé à la transformation numérique du secteur sanitaire et médico-social pour l'assimiler à tout « usage combiné de l'internet et des technologies de l'information à des fins cliniques, éducationnelles et administratives, à la fois localement et à distance ».

---

[44] Le terme « patient » doit être compris comme un terme générique, incluant également le citoyen, l'usager, l'entourage, une commodité de langage nous conduisant à cette facilité, au risque de simplifier le sujet.

[45] La télésanté se définit comme la pratique de la médecine clinique à distance avec création d'une relation directe et virtuelle ave les médecins, on lui associe la télémédecine, la télésurveillance et la télé-expertise.

L'e-santé représente un terme général qui couvre un ensemble de phénomènes, de conceptions, et d'outils. De nombreuses définitions lui ont été attribuées (Eysenbach, 2001 ; Guendalina et al., 2014 ; Hibbard et al., 2004 ; Pagliari et al., 2005). L'OMS l'a récemment définie comme un ensemble d'activités et de composantes ayant recours à des moyens électroniques pour délivrer des informations, des ressources et des services en lien avec la santé (OMS, 2016). De ce fait, l'e-santé constitue un champ extrêmement large qui dessine les contours d'une « destruction créative » du système de santé : nouvelle forme assurantielle fondée sur une médecine prédictive, nouveau comportement du patient, nouvelles formes d'organisation des soins, évolution de la recherche avec l'introduction des données massives (Marrauld, Dumez, Minvielle, 2015).

En 2005, c'est le concept de Mobile Health (mHealth ou m-health) qui a fait son apparition sous la signature du Pr Robert Istepanian pour designer « l'utilisation des communications mobiles émergentes en santé publique ». La santé mobile recouvre toutes « les pratiques médicales et de santé publique reposant sur des dispositifs mobiles tels que téléphones portables, systèmes de surveillance des patients, assistants numériques personnels et autres appareils sans fil » (OMS, 2011).

L'euphorie technologique ne s'est par ailleurs restreinte à ces tendances. Durant les quinze dernières années le secteur de la santé n'a pas été épargné de la frénésie des « applications » et des objets connectés faisant l'objet d'un nouveau « business » qui s'est propagé à l'échelle internationale. On assiste aujourd'hui à un véritable déferlement ! Le nouvel Eldorado industriel ! Bracelets faits pour « traquer » l'activité physique ou la qualité du sommeil, balances, brosses à dents, fourchettes, piluliers et tout genre d'applications gratuites ou payantes revendiquant un bénéfice sanitaire ou de bien-être.

Dans les quatre coins du monde, on assiste à une forte tendance sociétale tournée vers l'intégration d'objets connectés au sein de différentes pratiques quotidiennes, avec la possibilité de tracer activités, régimes, signes vitaux tout en partageant ces données via des sites spécialisés (Ranck, 2012). De pair avec le développement rapide des systèmes d'auto-suivi en matière de santé, les pratiques qui ont émergé concernent non seulement la dimension individuelle de l'usager en rapport avec son propre corps, mais intègrent également la dimension sociale à travers l'introduction du niveau collectif (Del Río Carral et al., 2017). Qu'il s'agit de la construction de communauté en ligne ou le développement du mouvement du soi quantifié (quantified self) ces pratiques du quotidien visent particulièrement l'amélioration de la santé au sens large.

Le concept d'e-santé ou celui de santé connectée ou santé digitale fait donc référence à l'émergence d'un nouveau « business » qui s'est répandu, se traduisant par des activités dématérialisées. Un business qui semble trouver de plus en plus sa place en réponse aux revendications sur les dispositifs actuels de prise en charge, réclamant une participation et un engagement plus important du patient dans son parcours de vie et de santé. On parle même de la révolution du rôle du patient en tant qu'acteur dans sa prise en charge en partenariat avec le médecin, dans une démarche de décision partagée (Richards et al., 2013).

2. DEMOCRATIE SANITAIRE ET ENGAGEMENT 2.0

2.1. La démocratie sanitaire…

La recherche d'une qualité de service améliorée à travers une meilleure coordination des parcours de santé, une « capacitation du patient », un rééquilibrage des pouvoirs liés à l'expertise entre le médecin et le patient, une « conquête d'une (certaine) autonomie », un « contrôle des données par le patient » sont les principales revendications, du moins les plus médiatisées, justifiant l'irruption du débat sur l'engagement du patient (Dumez et Minvielle, 2017). Introduire une relation plus collaborative avec les acteurs de soins et de santé, affirmer une plus grande autonomie dans les prises de décision et garantir une émancipation dans la gestion de son parcours de santé sont de ce fait les volontés des pouvoirs publics en réponses aux doléances citoyennes. C'est ainsi que le concept de « co-construction » est apparu et s'est démocratisé dans les discours politiques et institutionnels incarnant cette volonté de donner plus de poids à l'usager et de renforcer la réduction de l'asymétrie d'information qui peut s'établir entre lui et son médecin. Le sujet semble être une nouvelle tendance de la doctrine de démocratie sanitaire des débuts des années 2010, tendance lancée pour répondre aux attentes pas encore assez prises en compte. Au nom de la démocratie sanitaire et sous le registre/répertoire de l'engagement du patient différents concepts ont été mobilisés pour alimenter la littérature. Nous verrons à travers notre analyse que seule la dimension comportementale (ce que le patient fait) (Barello et al., 2016 ; Graffigna et al., 2013 ; Mockford et al., 2012[46]) serait dominante dans la revue de littérature sur le domaine. La dimension cognitive (ce que le patient pense et connaît) et la dimension émotionnelle (ce que le patient ressent) de l'engagement du patient, compte tenu de leur nature qualitative et implicite sont difficilement évaluables.

En situant le niveau de l'engagement sur un continuum[47] l'analyse de l'aspect comportemental a donné naissance à différentes approches : consultative, collaborative et partenariale. Sur le plan

[46] Les travaux de Mockford *et al.*, 2012, de Graffigna *et al.*, 2013 et de Barello *et al.*, 2016 ont distingué trois dimensions de l'engagement du patient. Au regard de la littérature sur le sujet nous ne nous intéresserons qu'à l'aspect comportemental.

[47] Selon la terminologie de Carman *et al.* (2013)

consultatif l'« adhésion du patient » (Vermeire et al., 2001) fait référence à ses comportements face aux propositions faites par les professionnels dans « le déroulé de sa prise en charge ». Dépassant la vision traditionnelle consultative plaçant le patient au centre du dispositif et du système de soins (« patient-centered care »), deux concepts caractérisent l'aspect collaboratif : la « participation du patient » évoque la relation développée avec le médecin dans le cadre spécifique des décisions partagées (Guadagnoli & Ward, 1998) et le « patient-partenaire » fait référence à la symétrie de la relation (Karazivan et al., 2015). A un échelon plus intégratif, selon une approche partenariale, les concepts du « patient empowerment » (Aujoulat et al., 2007), du « patient engagement » et du « patient implication », révèlent les ressentis associés au contrôle de sa maladie et au fait d'être responsable de sa santé, d'une manière autonome.

Nonobstant les différents concepts qui lui ont été associés et les différentes définitions qui lui ont été attribuées, tous les écrits s'accordent sur l'appréhension de l'engagement du patient comme « des comportements du patient, de membres de la famille, et de professionnels de santé qui favorisent l'implication du patient et de son entourage comme des membres actifs de l'équipe de soins et comme des partenaires coopératifs avec des objectifs de qualité et de sécurité » (Carman et al., 2013). Les trois rangs (consultatif, collaboratif et partenariale), quant à eux, offrent une échelle d'opportunités de l'engagement du patient en les classant par degré d'intensité sans pour autant imposer un niveau au détriment des autres. Le choix d'un degré en préférence aux autres s'impose selon les spécificités des cas et au regard des contraintes sanitaires le concernant. Par ailleurs quel que soit son intensité, l'engagement du patient peut intervenir à trois niveaux du système de soins (selon le classement de Carman et al., 2013) : les soins directs (concernant toute relation avec les professionnels de santé dans le cadre de la prévention, du diagnostic et du traitement), l'organisation (concernant l'hôpital, les réseaux de soins, ou les maisons pluri-professionnelles comportant les médecins généralistes) et le niveau politique (relatif à toutes les instances et programmes qui contribuent au fonctionnement du système de soins) (Dumez et Minvielle, 2017). En France, au regard des exemples empiriques avancés dans les écrits académiques, on ne peut parler de démocratie sanitaire et d'engagement du patient qu'au niveau de la décision politique, avec un degré moindre au niveau organisationnel (représentation dans les instances nationales ou hospitalières), et encore plus faible au niveau des soins directs et du parcours. C'est dans ce contexte que le numérique a fait irruption sous les ordres de Mme la Ministre des Affaires sociales et de la Santé de 2017, Madame Marysol Touraine dans le cadre du projet de modernisation du secteur. Comme le soulignait Dr Jeannot[48] « L'utilisation du web par les patients permet de combattre l'asymétrie d'accès à l'information qui existait par le passé. Cela doit permettre à la relation médecin–patient d'évoluer vers une relation de partenariat où le patient est soigné comme un individu unique ».

2.2. …et l'engagement 2.0

Dans le champ sanitaire, et dans le cadre de la gestion de son parcours de santé, deux typologies d'usage de l'e-santé liées à la question de l'engagement du patient et la nature de la relation avec les professionnels se dégagent. D'une part, on trouve les usages du système de soins où l'engagement du patient se fait en lien avec les professionnels de santé dans le cadre de suivis à distance (comme le suivi infirmier de populations isolées, la téléconsultation, etc.). En plus de son apport par le biais de la participation du patient dans son programme thérapeutique, il se trouve que les nouvelles pratiques et capacités de suivi[49] offertes par les solutions connectées ouvrent la voie à de nouvelles opportunités économiques en favorisant un suivi plus sécuritaire, moins coûteux et plus souple que les consultations planifiées. Comme le souligne l'Ordre National des Médecins (2015, p19) « l'étude française TéléDiab 1 démontre l'intérêt d'un smartphone dans le suivi des patients atteints de diabète de type 1, les résultats à 6 mois de cet essai contrôlé et randomisé montrant une diminution significative du taux d'HbA1c dans le groupe bénéficiant de la technologie mobile. Compte tenu de ces résultats, elle est poursuivie pour deux ans chez les patients diabétiques insulinodépendants de type 1 et 2 (Télésage) ».

La seconde typologie d'usage correspond à celle où le patient s'engage d'une manière relativement autonome sans lien direct avec les professionnels de santé. Dans ce cas le patient est particulièrement intéressé par la recherche d'information via les forums ou les sites spécialisés en vue d'acquérir une expertise.

Quelle que soit la forme de son engagement sa responsabilisation et son implication le vocabulaire relatif au patient 2.0 s'est enrichi. Les concepts « e-patient » engaged (impliqué dans sa prise en charge), equipped (éduqué/informé sur sa maladie), enabled (se donnant les moyens d'agir) et emancipated (émancipé) révèlent la participation et l'engagement du patient grâce aux fonctionnalités techniques et aux espaces de socialisation du web 2.0 (Ferguson & Frydman, 2004).

---

[48] Dr Jean Gabriel Jeannot Spécialiste en médecine interne générale, médecin agréé à la Policlinique médicale universitaire de Lausanne (Suisse) pour les projets de santé digitale.

[49] Outre l'aspect thérapeutique, nous intégrons aussi le coaching dans le registre du suivi.

Ainsi, dans un cadre affirmant la capacité du patient à être maître de son parcours de santé (Hardyman et al., 2015), nous pouvons penser que ces différents aspects bien qu'ils soient considérés comme subjectifs, contextuels, relationnels et organisationnels au sens de Dumez et Minvielle (2017) ont contribué à analyser le sujet de l'engagement du patient dans l'approche de démocratie sanitaire.

L'engagement du patient dans son parcours de soins et de santé a pris différentes formes et s'est reposé sur différents leviers. Il se trouve que l'expansion des technologies et du digital dans le secteur de santé était catalyseur de cette participation et intégration. Les lectures réalisées et les éléments avancés nous permettent de distinguer trois typologies de relation entre le patient et le système (Figure 1).

(1) Relation de proximité avec le système : relative aux cas des patients qui privilégient le pilotage traditionnel traduit par des relations étroites et directes avec les professionnels des soins. Il s'agit principalement de patients désintéressés par les outils connectés.

(2) Relation distendue avec le système : complétement opposée à la première relation. Dans ce cas il s'agit de patients parfaitement autonomes qui ont développé une bonne expertise quant à leurs maladies se traduisant par un fort désintéressement vis-à-vis de l'accompagnement proposé par le système.

(3) Relation moyenne avec le système : malgré son engagement dans la gestion autonome de sa maladie, le patient garde le lien avec le système dans une approche de co-construction avec les professionnels.

Figure 1 : Outils connectés et engagement du patient

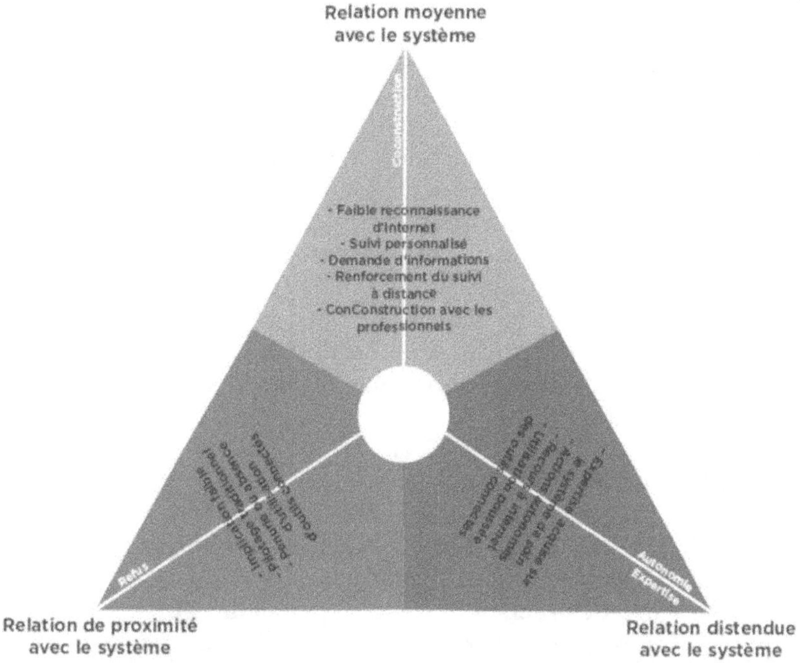

Adapté à Dumez et Minvielle (2017)

3. DE L'AUTOMESURE A L'UBIMEDECINE[50] : LES OUTILS D'ENGAGEMENT DU PATIENT 2.0

Si les services numériques révolutionnent le domaine de la santé en modifiant la relation entre le patient et le système[51], leurs impacts n'en demeurent pas moins importants quant aux pratiques des professionnels de santé. Partage des données entre spécialistes, meilleure prévention, meilleur suivi des traitements et réductions des coûts, etc. :de nouvelles solutions viennent améliorer la coordination des professionnels de santé et la qualité des soins prodigués aux patients. Praticiens-patients, une relation en mutation ! Avec le déploiement d'internet et sa démocratisation le visage de la pratique médicale, jusqu'alors réduite à une approche descendante où professionnels de santé et parties

[50] En référence aux travaux du Dr Nicolas Postel-Vinay (2011) nous utilisons ce concept pour désigner la possibilité de faire se rejoindre les règles de la télémédecine et l'utilisation des capteurs connectés qu'ils soient disponibles dans un cadre professionnel ou grand public (www.automesure.com)

[51] Par système nous entendons les professionnels de soins et de santé.

prenantes communiquaient aux patients une information formatée ou partielle, a changé. De plus en très peu de temps l'utilisation du smartphone s'est ancrée au cœur de la pratique de soins et de santé, comme elle l'est de plus en plus dans la vie quotidienne.

De nouveaux procédés ont émergé ; les sites, les outils connectés et les médias sociaux sont les trois principaux dispositifs disposés à offrir une plus grande autonomie, à développer l'approche contributive du patient dans son parcours de santé (Topol, 2015) et à renforcer l'expertise du patient sur sa santé et, plus largement, de son bien-être (Akrich & Méadel, 2009). En plus du renforcement de la relation de confiance entre professionnels et patients, et le rééquilibrage des échanges entre les parties (Griffiths et al., 2012), ces différents dispositifs permettent aussi aux patients d'acquérir des savoirs leur permettant de s'autogérer indépendamment du système de soins (Topol, 2015) et par ailleurs d'être plus autonomes (Dedding et al., 2011) tout au long du parcours de soins et de santé.

3.1. Les sites communautaires

Qui ne s'est jamais connecté pour chercher une information sur une maladie ou un symptôme ? Qui, même par simple curiosité ne s'est pas connecté pour faire des recherches sur une maladie qui a touché un de son entourage ? Les études montrent que 49 % des français sont des internautes santé et qu'un malade chronique présent sur le web sur deux aimerait avoir l'aide de son médecin pour s'y retrouver dans la e-santé (Cerisey et al., 2013, enquête à la recherche du epatient). Parmi les sites les plus connus et les plus fréquentés en France Doctissimo qui a été lancé parmi les premiers pour favoriser la recherche d'information médicale et les échanges entre particuliers mais aussi entre particuliers et professionnels. Initiés à titre individuel ou professionnel, sur des thématiques particulières, des blogs, des sites personnels, des forums de discussion et différentes autres initiatives ont été déployées pour faciliter la recherche et le partage d'information et la confrontation des expériences. Le principal champ d'action des sites communautaires concerne donc la diffusion d'informations et des ressources disponibles et la mise en relation entre différents acteurs (particuliers et/ou professionnels). Outre l'acquisition d'informations médicales, ces initiatives représentent aussi une source de soutien moral et de lien social (Demiris, 2006). En effet, le patient-usagers n'a plus besoin d'un RDV médical pour être renseigné sur des aspects de son quotidien, ou pour être rassuré sur ses symptômes ou sur des actions à mener. La communication virtuelle permet au patient de garder un lien continu avec les membres de sa communauté, de communiquer à son rythme, dans le mode asynchrone que permettent ces conversations, et en fonction de ses besoins. Dans ce nouveau modèle de santé multipartite, les patients sont au centre du processus, souvent en relation avec des professionnels de la santé dans un idéal de médecine personnalisée et participative (Swan, 2009). Une meilleure adhésion au traitement, un gain de temps concernant la durée du traitement, une plus grande implication dans la gestion de sa maladie et, enfin, une meilleure compréhension de l'information sur sa condition, sont autant d'avantages dont le patient peut bénéficier pour accroître son autonomie à travers le contrôle de soi.

3.2. Les médias sociaux

Un concept proche des sites communautaires, les médias sociaux (tels que Facebook et Twitter) constituent également des espaces communautaires en ligne où des adhérents/ les communautés peuvent discuter, échanger, partager et se coordonner. Dans un souci de promouvoir de nouvelles idées et des pratiques innovantes, d'évaluer la qualité des soins des établissements ou des praticiens, de demander de l'aide dans des situations d'urgence, de lancer des appels à des dons ou cotisation, de mettre en garde contre des produits ou services constituent les principaux usages qui guident les échanges via les médias sociaux (Coiera, 2013). Tout comme les sites communautaires la diffusion de messages publics adaptés permet aux patients-usagers d'améliorer leur qualité de vie (Laubie, 2011) en interagissant, de rompre l'isolement pour partager des expériences et chercher/trouver des solutions et d'effacer les barrières géographiques et sociales créées par les stigmates de la maladie (White et Dorman, 2001). Ainsi, la digitalisation de la santé a été fréquemment associée avec le pouvoir d'agir des usagers (Samoocha et al., 2010), ce qui conduirait à l'amélioration de la santé publique à travers des techniques de self-management, selon une perspective individualiste de la santé et du soin (Dennison, Morrison, Conway, & Yardley, 2013 ; Yardley et al., 2013,2015)

3.3. Les outils connectés de santé/bien être

Autrefois on parlait de l'automesure dans le cas où on responsabilise le patient à assurer un suivi de son état à domicile. Bien que cette pratique soit nettement moins médiatisée ou « tendance », l'automesure n'en est pas moins largement répandue dès le début des années 2000. Plus tard, avec la démocratisation d'Internet, du téléphone dit intelligent et l'appétit des « gadgets » de nouvelles attentes font jour faisant l'objet du bouleversement des pratiques médicales et du développement d'un marché de niche excitant aussi bien entrepreneurs qu'usagers. La commercialisation auprès du grand public de nouveaux objets connectés capables de mesurer des paramètres de santé en dehors d'un contexte médical a interpellé les approches les plus anciennes comme celles de l'automesure et est venue perturber les frontières entre les domaines du bien-être, de la santé et des soins, lesquels s'inscrivent dans un continuum entre normal et pathologique. L'objectif était d'assurer la jonction entre la modernité et l'utilité en ravitaillant l'association entre l'automesure scientifique d'un côté et le consumérisme grand public des capteurs connectés de l'autre.

Bracelets/montres faits pour « traquer » et mesurer l'activité physique, la qualité du sommeil et le rythme cardiaque, balances, brosses à dents, piluliers, lunettes, tensiomètres, lecteurs de glycémie, cardio fréquencemètres, etc. autant de « gadgets » qui continuent à côtoyer les vitrines des objets dits connectés pour apporter un service inédit (médical ou pas) aux usagers (sportif, patient, simple citoyen soucieux de son bien-être). La tendance va plus loin pour développer des nanotechnologies et des objets intégrables au corps humain, donnant des informations en continu sur l'état de santé, à l'instar des lentilles pour mesurer la glycémie dans le sang ou du patch électronique greffé sous la peau pour analyser les signes vitaux. Dans la logique de portabilité et de contrôle permanent de l'état de « santé » ces outils permettent au patient d'être une source de production et de partage d'informations quantifiées sur lui-même « self-quantified »[52] selon la terminologie de Gadenne, (2012) et « Ubimédecine » selon la conception du Dr Postel-Vinay, 2011[53], de soins (« self-management »), ou de simple bien-être (incitation à et gestion de l'exercice physique, gestion de la nutrition, etc.) (Dumez et Minvielle, 2017). Dès lors, les outils connectés représentent de véritables assistants en situation d'exercice médical ou para médical assurant au patient d'être maître des activités de détection précoce de la maladie, de suivi ou de soins, jusque-là assurées uniquement par les professionnels de santé.

En termes de santé et en complément de l'éducation à la santé assurée par les informations et des services en ligne, trois vertus aux objets connectés lui ont été reconnus : prévention accrue et meilleure qualité de

---

52 Quantified self (la mesure de soi) est un mouvement initié en Californie qui a pris une envergure internationale courant 2011. Il s'agit d'une pratique qui « regroupe de façon générique les outils, principes et méthodes permettant à chacun d'entre nous de mieux nous connaitre, de mesurer des données relatives à notre corps, à notre santé, à notre état général ou aux objectifs que nous nous fixons » (Gadenne, 2012) et de comparer ces informations et/ ou les partages avec les autres membres de la « communauté ». Sans pour autant être forcément rattaché au domaine médical, c'est une pratique qui intéresse les usagers soucieux de leur bien-être dans différents domaines.

53 Convaincu du potentiel offert par la m-santé le Dr Nicolas Postel-Vinay (2011) a proposé ce terme pour désigner la possibilité de faire se rejoindre les règles de la télémédecine (téléconsultation, téléexterptise, téléassistance, télésurveillance) et l'utilisation des capteurs connectés qu'ils soient disponibles dans un cadre professionnel ou grand public. C'est une pratique qui met « l'individu directement en prise avec une aide à la décision informatisée ». www.automesure.com (consulté le 9 aout 2018).

vie, systèmes de santé plus efficients et plus durables, patients plus responsables.

Que ce soit sur le traitement des maladies ou sur la promotion de la santé, les outils connectés visent une modification des habitudes et des comportements individuels spécifiques (Swan, 2009, 2012, 2013) et un meilleur contrôle de la santé et de la maladie grâce à l'auto-suivi (self-tracking) et le pouvoir d'agir (empowerment). Comme l'a soulevé Marysol Touraine[54] lors d'un débat politique : « Au niveau individuel, la e-santé est un facteur d' « empowerment » qui permet de donner des armes pour accéder à la liberté et à l'autonomie alors qu'au niveau collectif, le numérique est un facteur de mise en réseau, de transparence, et d'émancipation ».

4. LA SANTE CONNECTEE EN FRANCE : QUELQUES CHIFFRES ET CONSTATS

En vue de dessiner les contours des nouvelles pratiques sur la santé connectée et comprendre en quoi le développement des outils connectés a métamorphosé le paysage de la santé en France et a complétement chamboulé la relation entre professionnels et patients en renforçant la démocratie sanitaire à travers l'engagement et la participation de ce dernier, nous nous sommes reposés sur différentes sources de données et enquêtes réalisées dans le domaine. Selon Cerisey et al. (2013) 57 % de la population utilisent Internet pour des questions santé et questions médicales. Selon 61 % des utilisateurs les informations trouvées sur le net permettent de mieux prendre en charge sa santé ou celle de ses proches. Elles rendent la relation médecin-patient plus positive, grâce à des échanges plus riches (58 %) et renforcent la confiance dans les médecins consultés pour un patient connecté sur deux. 63 % des Français trouveraient intéressant de pouvoir prendre rendez-vous avec leur médecin depuis internet et 61 % de pouvoir accéder à leurs résultats d'analyse de biologie médicale en ligne.

Aujourd'hui, la msanté (mHeath) est une réalité pour 28 % des « internautes santé ». Un sur cinq des « mobinautes santé » confirme avoir téléchargé au moins une application mobile relative à la santé (2,3 applications en moyenne ayant déjà été téléchargées par chaque mobinaute santé). En parallèle du développement de la msanté, de nouveaux usages se développent au premier rang desquels figure l'échange entre internautes santé. De fait, si 100 % des internautes santé recherchent des informations médicales sur le web, ils sont déjà 33 % à y échanger et 11 % le font régulièrement. Ces recherches portent principalement sur une maladie ou un problème de santé (92 %). Elles

[54] Déclaration faite durant son mandat en tant que Ministre des affaires sociales et de santé du gouvernement de Bernard Cazeneuve (2016-2017).

s'orientent également vers les traitements et les médicaments pour 63 % des utilisateurs du web santé, ou vers les témoignages d'autres personnes pour un « internaute santé » sur 2. 56 % des « internautes santé » vont également sur le web pour trouver les coordonnées d'un médecin ou d'un hôpital.

Si 92 % des recherches réalisées par les internautes santé portent principalement sur une maladie ou un problème de santé, une vue plus en détail nous apprend que les recherches réalisées s'orientent principalement autour de thématiques lourdes et importantes, réellement éloignées du bien-être et de la forme. Dans les 12 derniers mois, et dans 55 % des cas, les « internautes santé » ont cherché une information relative à une maladie chronique ou grave telle que le diabète, le cancer.... et ils sont 34 % à avoir recherché des informations sur une maladie telle que la grippe ou le rhume, 32 % sur un problème ostéo-articulaire. Pour 65 % des cas les recherches se font d'abord sur les sites internet spécialisés tels que Doctissimo. Les sites des pouvoirs publics (Ministère de la Santé, HAS, …) se classent au 4ème rang, immédiatement après les sites encyclopédiques.

L'usage des forums des sites spécialisés ou de ceux des associations de patients (62 %) et des blogs de médecin ou de patient (20 %) montre la place croissante de l'échange entre pairs et du témoignage en santé. Ces attentes pratiques se conjuguent pleinement avec des attentes 2.0. Pour entrer pleinement dans le monde 2.0, ils sont déjà 37 % à estimer intéressant de pouvoir consulter le blog ou le site de leur médecin et de dialoguer avec lui via les réseaux sociaux. Jugées claires par 73 % des « internautes santé » et très utiles pour 72 %, les informations trouvées sur le net sont reconnues comme étant rassurantes pour une personne sur deux et fiables pour 56 % des patients connectés. 61 % des utilisateurs estiment qu'elles leurs permettent de mieux prendre en charge leur santé ou celle de leurs proches voire de mieux supporter la maladie ou le problème de santé pour près d'un utilisateur de l'internet santé sur deux. Pour 19 % des « internautes santé » les recherches d'information avant une consultation sont essentiellement réalisées pour mieux comprendre ce que le médecin va dire (63 %), pour pouvoir discuter avec lui du traitement (53 %) ou pour poser de meilleures questions (42 %). Les recherches réalisées après une consultation (34 % des internautes santé) sont destinées à chercher des informations complémentaires sur la maladie (72 %) ou sur les médicaments et les traitements (44 %). Ces constats corroborent les travaux de recherche de Epstein et al. (2004) et Adams (2013) qui ont montré que les patients qui reçoivent de l'information sont plus à même de participer aux décisions médicales, de prendre leur santé en main et donc de l'améliorer, et ils sont plus satisfaits de leur prise en charge. La prescription d'information peut cependant être limitée par un certain nombre de barrières (Ulmera, Robishawa, 2010) comme la réticence des patients à recevoir de l'information, le niveau insuffisant de littératie des patients et de leur expérience avec les ordinateurs et Internet, le manque de temps des professionnels de la santé, la réticence des médecins.

Par rapport au rôle des médecins, il est intéressant de relever que les médecins qui utilisent peu Internet voient l'utilisation d'Internet par les patients comme une menace. Selon Jeannot (2013) les médecins doivent voir l'utilisation d'Internet comme une opportunité. Le temps disponible à la consultation étant de plus en plus limité (10 minutes en moyenne en France), la recherche d'informations par le patient lui-même est essentielle, en particulier pour les maladies chroniques. En plus comme le souligne l'auteur entre 40 % et 80 % de l'information délivrée par le personnel médical est immédiatement oubliée par les patients, et près de la moitié de l'information retenue est incorrecte (Ulmera, Robishawa, 2010). Les raisons principales de cet oubli reviennent principalement à la terminologie médicale employée, pas forcément comprise par le patient, le mode de délivrance de l'information (oral et non écrit) et le niveau d'éducation des patients ou leurs attentes spécifiques. La conséquence de cet état de fait est que de l'information cruciale est instantanément perdue au moment du transfert professionnel-patient, ce qui a des conséquences lourdes sur la capacité du patient à prendre en charge sa santé. Non seulement les patients veulent être informés, mais ils veulent également que leur médecin leur recommande les meilleures sources d'information. D'après Thoër (2013) les médecins les plus ouverts à Internet ne retiennent eux que les points positifs : « Le potentiel émancipateur d'Internet et son utilité pour renforcer le pouvoir d'agir (empowerment) des individus à l'égard de leur santé », « Le recours à Internet permettrait surtout au patient de jouer un rôle plus actif, notamment parce qu'il poserait plus de questions pendant la consultation ».

Par ailleurs malgré l'engouement pour la santé connectée, le taux d'utilisation des outils et du Web reste tout de même modeste : un français sur deux pour enrichir sa relation avec son médecin et seulement 6 français sur 10 l'utilisent dans le cadre de la santé. Cela peut s'expliquer d'une part par la force de la relation médecin- patient en France. En effet 54 % des patients préfèrent parler de santé avec leur médecin ou leur pharmacien qu'utiliser le Web. L'absence de réflexe internet en santé et l'absence de besoin (pas de question, jamais malade) représentent la deuxième cause de non pratique avec, respectivement, 25 % et 22 % des cas. La confiance dans l'internet santé, qui a souvent été citée comme faible et comme étant un facteur devant pousser au non usage, se situe elle au 7ème rang des raisons de non utilisation montrant de fait que la valeur d'internet n'est plus réellement à démontrer aujourd'hui. En plus de cette absence de confiance, il est aussi intéressant de souligner la fracture numérique qui apparaît comme un élément d'inégalité d'accès à la santé connectée. En effet, pour les 21 % des Français qui n'utilisent pas la santé connectée cela s'explique par le fait qu'ils ne savent pas s'en servir (3 %) ou tout simplement parce qu'ils ne sont pas connectés.

5. DISCUSSION : LE PATIENT 2.0, ENTRE DEMOCRATIE ET COLONISATION

Comme démontrée, la santé connectée, basée sur l'utilisation d'outils numériques promet au patient d'être au cœur du système de santé de demain et assure sa contribution en tant que véritable acteur éclairé dans ses relations avec les professionnels et les autres patients et engagé dans son processus de décision.

Effectivement la connexion, à travers les différents outils, accorde au patient un meilleur suivi et une meilleure qualité en lui donnant l'occasion de se prendre en charge et de s'impliquer davantage dans sa santé.

En effaçant les barrières géographiques et sociales stigmatisant la maladie, ce monde virtuel - à travers les espaces de partage - permet au patient de rompre avec l'isolement. Intervenir sous un pseudonyme ou afficher une transparence absolue pour communiquer avec des pairs ou des patients de la même maladie, le patient peut se confier en toute liberté sur ses angoisses, ses contraintes et avoir des informations sur ses inquiétudes. La multitude des témoignages et les retours d'expériences l'aideront à élargir considérablement ses perspectives notamment en ce qui concerne les maladies rares, à améliorer son état et ses conditions de prise en charge, à assurer une plus grande rapidité de guérison et surtout à se procurer une plus grande autonomie face à la maladie (Rudd et al., 2004). D'après des études réalisées (Diener et al., 1991 et Fredrickson, 2004), il semble en effet que les échanges positifs et les émotions qui en émergent contribuent au bien-être des participants (Diener et al., 1991) et favorisent la prise de recul face aux événements à venir, l'évitement des pensées négatives, la résilience psychologique et le développement de ressources face aux épreuves (Fredrickson, 2004). Ces espaces virtuels procurent un environnement chargé d'émotions positives profitables au patient et à ses proches ; non seulement en termes de satisfaction immédiate qu'il procure mais aussi parce qu'il les dote d'une force qui les aidera dans les combats futurs à trouver en eux les ressources adéquates, selon un cycle vertueux (Fredrickson et Joiner, 2002). Les patients viennent y chercher des témoignages de personnes partageant les mêmes épreuves, sur des plates-formes le plus souvent dédiées où le sentiment d'appartenance est un facteur originel de leur engagement. Ils y trouvent un réconfort émotionnel, un appui affectif qui les aide à surmonter le quotidien et l'avenir de leur épreuve. Ce sentiment d'appartenance communautaire dans ces espaces offre en effet un précieux support psychologique et un rétablissement d'une vie sociale souvent interrompue notamment pour les populations plongées dans la souffrance physique et morale de leur pathologie, rongées par le doute. Malgré les craintes présumées de parler de son intimité, de sujets sensibles propres à sa maladie et à son état, les patients sont disposés et se montrent disponibles pour en parler et s'épauler dans l'adversité. Grâce à la dynamique de l'intelligence collective, de collaboration prolifique des patients, des témoignages multiples de leur quotidien face à la maladie et de leurs engagements volontaires, l'information générée est souvent une information humainement et expérimentalement fiable dont la qualité ne peut que s'améliorer. Le développement exponentiel du phénomène santé 2.0 a forcément fait évoluer la relation professionnel-patient mais il l'a rendue aussi plus complexe, les bénéfices de ce mouvement de fond ne faisant pas toujours l'unanimité (Dedding et al., 2010).

Le revers de la médaille

Source de quiétude pour certains, ces mêmes informations peuvent être source d'anxiété pour d'autres. A cause d'absence de modération médicale sur les plateformes, ces mêmes informations peuvent perturber les patients fragiles qui n'ont ni la force ni la disposition mentale pour gérer des témoignages ne les concernant pas. Comme le cas pour les téléphones portables, il a été aussi prouvé que ces outils connectés ont un fort pouvoir addictif et touchent une population désœuvrée par ses maux. Favorisant l'accès aux retours d'expériences démultipliés, ces espaces virtuels développent un engagement fort, parfois addictif, ayant un impact direct sur l'évolution de la maladie (Smith et Christakis, 2008), la qualité de vie et les durées de rémission (Cline, 1999). Ils présentent le risque de couper un peu plus les malades du monde réel, dont ils se sentent devenus étrangers. Ces outils, comme ils peuvent rompre l'isolement de certains, peuvent être à l'origine de l'isolement d'autres, particulièrement les plus fragiles.

D'un côté le patient se sent engagé dans son parcours mais d'un autre, il se trouve piégé par autant d'outils qui dominent son quotidien. A la recherche de plus d'engagement et d'implication, son bien-être se trouve colonisé par une diversité d'outils, d'applications. Espionné, contrôlé, dépendant il se retrouve tout autant aussi impliqué, engagé et intégré.

CONCLUSION

L'appétence des Français pour les nouvelles technologies en santé ne se dément pas, mais la santé connectée saura-t-elle répondre à des attentes et des besoins de plus en plus évolutifs et complexes ? Selon les estimations de 2020 plus de 20 % de la population française aura 65 ans ou plus et ce sera un français sur quatre en 2050, leurs besoins et attentes seront-ilscomblés par ces nouvelles pratiques ? A l'heure où la e-santé semble se construire autour de l'Intelligence Artificielle, du Deep Learning, du Big Data, il est clair que les patients sont à la recherche d'une e-santé qui enrichisse leur relation avec leur médecin, leurs professionnels de santé et qui améliore leur quotidien. La télémédecine, le DMP, comme le suivi de la santé via des objets connectés ne pourront prendre leur essor que s'ils se construisent pour et avec les patients. Mais cette co-construction ne suffira pas. Il faut également que la e-santé s'appuie sur le développement de la littératie et de la e-littératie en santé. C'est en conjuguant co-construction et littératie que l'empowerment, l'autonomisation des patients via l'usage du numérique en santé, deviendra une réalité.

Mais qu'en est-il de l'apport de la santé connectée pour les malades chroniques, les personnes fragiles, en situation précaire ou en grande souffrance psychique ? De même concernant ceux qui sont en fin de vie ? La santé connectée a-t-elle vraiment une place pour les maladies complexes ou les poly pathologies ? Le concept semble complétement absent des « velléités d'intelligence » (Del Río Carral et al., 2017). « L'homme augmenté par la technique » ou « l'homme diminué et soumis à la technique »[55] est bien le dilemme auquel se trouve confrontée la philosophie de la santé digitale ! Certes la conception idéale repose sur l'offre de nouvelles idées et actions déployées pour renouveler les pratiques tout en alliant la surpuissance technologique et l'impérieuse nécessité de responsabilité et d'humanité, mais peut –on vraiment parler de démocratie sanitaire et d'empowerment dans le champ de gériatrie, dans le domaine du vieillissement et de la perte d'autonomie ou encore dans le champ de psychologie, psychiatrie, etc.

Cette vision, tout aussi évocatrice des thématiques technologiques e-santé (objets connectés, médecine personnalisée avec surveillance à distance, détection automatique de baisse relationnelle puis mise en relation avec un réseau d'entraide…) qu'idéalisée et simplificatrice, avec son approche de plus en plus individualiste et individualisée ne prend pas en compte la complexité de la dynamique du monde sanitaire, social et médico-social. Fortement assimilée à un champ de course pour produire des objets et pratiques connectés de plus en plus sophistiqués et performants, en étroite relation avec des intérêts économiques de santé publique, obsédée par le rendement et la notoriété internationale, portée par quelques multinationales dominées par l'empire GAFAM56 et publicisée par quelques idéologues chargés d'en célébrer les prétendues vertus humanistes, ces objets digitaux peuvent être assimilés à de simples modèles technocratiques dépourvus du fondement éthique et des valeurs de la médecine. Il est donc un peu tôt pour parler de la révolution de la médecine 2.0 !...

---

[55] Expression empruntée de Del Río Carral et al, 2017.

[56] Google Apple Facebook Amazon Microsoft.

BIBLIOGRAPHIE

ADAMS, RJ., 2010, Improving health outcomes with better patient understanding and education. *Risk Manage Healthcare Policy* ; 361:-72.

AKRICH, M., & MEADEL, C., 2009, Les échanges entre patients sur l'Internet. *La Presse Médicale*, vol. 38, n°10, p. 1484-1490.

AUJOULAT, I., D'HOORE, W., & DECCACHE, A., 2007, Patient empowerment in theory and practice: Polysemy or cacophony? *Patient Education and Counseling*, vol. 66, n°1, p. 13–20.

BABINET, G., 2014, *L'ère numérique, un nouvel âge de l'humanité : Cinq mutations qui vont bouleverser notre vie*, Le Passeur éditeur, 236 pages

BARELLO, S., TRIBERTI, S., GRAFFIGNA, G., LIBRERI, C., SERINO, S., HIBBARD, J., & RIVA, G., 2016, eHealth for Patient Engagement: *A Systematic Review. Frontiers in Psychology*, vol. 6.

CARMAN, K. L., DARDESS, P., MAURER, M., SOFAER, S., ADAMS, K., BECHTEL, C., & SWEENEY, J., 2013, Patient And Family Engagement: A Framework For Understanding The Elements And Developing Interventions And Policies. *Health Affairs*, vol. 32, n°2, p. 223-231.

CERISEY, C, KLEIN, E, MARSICO, G, MIGNON, L., 2013, A la recherche du ePatient. Site de Patients & Web. [En ligne]. http://www.patientsandweb.com/wp-content/uploads/2013/04/A-la-recherche-du-ePatient-externe.pdf (consulté Novembre 2019)

CERISEY, C., KLEIN, E., MARSICO, G., MIGNON, L, 2013, « À la recherche du ePatient : Les Français et l'internet santé, Maladie chronique et numérique attitude », Rapport d'activité « Patients & Web » et LauMa communication, avril.

CLINE, R. J. W., 1999, « Communication in Social Support Groups », *in* L. R. Frey, D. Gouran et S. Poole (dir.), *Handbook of Small Group Communication Theory and Research,* Sage publication, 1999.

COIERA, E., 2013, *Social networks, social media, and social diseases. BMJ, 346.*

DEDDING, C., VAN DOORN, R., WINKLER, L., REIS, R., 2011, How will e-health affect patient participation in the clinic? A review of e-health studies and the current evidence for changes in the relationship between medical professionals and patients. *Social Science & Medicine,* vol. 72, n°1, p. 49-53.

DEL RIO CARRAL, M. *al.,* 2017, Santé digitale : promesses, défis et craintes. Une revuede la littérature, *Pratiques psychologiques* 23, pp. 61-77

DEMIRIS, G., 2006, The diffusion of virtual communities in health care: Concepts and challenges. *Patient Education and Counseling,* vol. 62, n°2, p. 178-88.

DENNISON, L., MORRISON, L., CONWAY, G., & YARDLEY, L., 2013, Opportunities and challenges for smartphone applicationsin supporting health behavior change: Qualitative study. *Journal of medical Internet research*, *15*(4), e86.

DIAZ, JA., SCIAMANNA, CN., EVANGELOU, E., STAMP, MJ., 2005, Brief report: What Types of Internet Guidance Do Patients Want from Their Physicians? *J Gen Intern Med.* Aug 2005; 20(8): 683-685. [En ligne].
http://www.ncbi.nlm.nih.gov/pmc/articles/PMC1490184/ (consulté en Novembre 2019).
DIENER, E., SANDVIK, E. et PAVOT, W., 1991, « Happiness Is the Frequency, not the Intensity, of Positive versus Negative Affect », *in* F. Strack, M. Argyle et N. Schwarz (dir.), *Subjective Well-Being : An Interdisciplinary Perspective,* Pergamon, 1991.
DUMEZ, H., MINVIELLE, E., 2017, « L'e-santé rend-elle la démocratie sanitaire pleinement performative ? », *Systèmes d'information & management* 2017/1 (Volume 22), p. 9-37.
EPSTEIN, RM., ALPER, BS., QUILL, TE., 2004, « Communicating evidence for participatory decision making ». *JAMA.* 2004;291(19):2359.
EPSTEIN, RM., ALPER, BS., QUILL, TE., 2004, « Department of Health. Better information, better choices, better health: putting information at the centre of health ». *Quarry Hill*: Leeds.
FERGUSON, T. & FRYDMAN, G., 2004, The first generation of e-patients, the new medical colleagues could provide sustainable healthcare solutions. *British Medical Journal*, vol. 15, p. 1148-1149.
FREDRICKSON, B. L. et JOINER, T., 2002, «Positive Emotions Trigger Upward Spirals toward Emotional Well-Being », *Psychological Science,* vol.13, n° 2.
FREDRICKSON, B. L., 2004, «The Broaden-and-Build Theory of Positive Emotions », *Philosophical Transactions of the Royal Society B,* vol. 359, n° 1449.
GADENNE, E., 2012, *Guide pratique du Quantified Self. Mieux gérer sa vie, sa santé, sa productivité*, Broché, 224 pages.
GRAFFIGNA, G., BARELLO, S. & RIVA, G., 2013, Technologies for patient engagement. *Health Affairs*, vol. 32, n°6, p. 1172.
GRIFFITHS, F., CAVE, J., BOARDMAN, F., REN, J., PAWLIKOWSKA, T., BALL, R., *al.,* 2012, Social networks–The future for health care delivery, *Social science & medicine*, vol. 75, n°12, p. 2233-41.
GUADAGNOLI, E. & WARD, P., 1998, Patient participation in decision-making. *Social Science & Medicine*, vol. 47, n°3, p. 329-339.
HARDYMAN, W., DAUNT, K. L. & KITCHENER, M., 2015, Value Co-Creation through Patient Engagement in Health Care: A micro-level approach and research agenda. *Public Management Review*, vol. 17, n°1, p. 90-107.
JEANNOT, JG., 2013, Médecine 2.0 : Internet, le médecin et son patient. *PrimaryCare*,13 : n°22. [En ligne]. http://www.primary-care.ch/docs/primarycare/2013/22/fr/pc-f-00519.pdf (Consulté novembre 2019).

KARAZIVAN, P., DUMEZ, V., FLORA, L., POMEY, M.- P., DEL GRANDE, C., GHADIRI, D. P., LEBEL, P., 2015, The Patient-as-Partner Approach in Health Care: A Conceptual Framework for a Necessary Transition. *Academic Medicine*, vol. 90, n°4, p. 437-441.
LAUBIE, R., 2011, « Le patient connecté ou les métamorphoses de la santé », *L'Expansion Management Review* 2011/4 (N° 143), p. 24-31.
MOCKFORD, C., STANISZEWSKA, S., GRIFFITHS, F. & HERRON-MARX, S., 2012, The impact of patient and public involvement on UK NHS health care: a systematic review, *International Journal for Quality in Health Care*, vol. 24, n°1, p. 28-38.
MOULIAS, R., 2014, La « Technopénie » : apparition d'un nouveau handicap. Dans: Bauchet J, Rialle V (sous la dir. De). Science, morale et technologie dans la Silver économie : Recueil des textes scientifiques des JASFTAG 2014 : 4èmes Journées Annuelles de la SFTAG. Paris: SFTAG (http://www.sftag.fr); 2014. p. 17.
ORDRE NATIONAL DES MEDECINS, 2015, *De la e-santé à la santé connectée*, le livre Blanc du Conseil national de l'ordre des médecins, 36 pages.
ORGANISATION MONDIALE DE SANTE, 2011, M-Health New horizons for health through mobile technologie*s*, *Global Observatory for eHealth series* - Volume 3, OMS, 2011
RANCK, J., 2012, *The quantified self: Hacking the body for better health and performance.* GigaOM Pro.
RIALLE, V., 2017, Villes intelligentes sources d'inspiration. L'Officiel des Aînés - 3e édition.
RICHARDS, T., MONTORI, VM., GODLEE, F., LAPSLEY, P., PAUL, D., 2013, « Let the patient revolution begin ». BMJ 2013;346:f2614 BMJ 2013; 346 doi: http://dx.doi.org/10.1136/bmj.f2614 (Published 14 May 2013)
RUDD, M. D., JOINER, T. E. et RAJAB, M. H., 2004, *Treating Suicidal Behavior : An Effective, Time-Limited Approach,* Guilford Press.
SAMOOCHA, D., BRUINVELS, D. J., ELBERS, N. A., ANEMA, J. R. & VAN DER BEEK, A. J., 2010, Effectiveness of web-basedinterventions on patient empowerment: A systematic review and meta-analysis. *Journal of Medical Internet Research,12*(2).
SMITH, K. P. et CHRISTAKIS, N. A., 2008, Social Networks and Health, *Annual Review of Sociology,* vol. 34.
SWAN, M., 2009, Emerging patient-driven health care models: An examination of health social networks, consumer personalized medicine and quantified self-tracking. *International Journal of Environmental Research and Public Health*, *6*(2), 492-525.
THOËR, C., 2013, Internet : un facteur de transformation de la relation médecin-patient ? [En ligne]. http://www.revuecsp.uqam.ca/numero/n10/pdf/RICSP_Thoer_2013.pdf (consulté Novembre 2019).

TOPOL, E., 2015, *The Patient Will See You Now: The Future of Medicine is in Your Hands*. New York, Basic Books.
ULMERA, P-A., ROBISHAWA, S., 2010, Providing Health Information at the Inpatient's Point of Medical Need. *Journal of Consumer Health On the Internet*. Volume 14, Issue 2.
VERMEIRE, E., HEARNSHAW, H., VAN ROYEN, P. & DENEKENS, J., 2001, Patient adherence to treatment: three decades of research. A comprehensive review. *Journal of Clinical Pharmacy and Therapeutics,* vol. 26, n°5, p. 331-342.
WHITE, M. et DORMAN, S-M., 2001, « Receiving Social Support Online: Implications for Health Education », *Health Education Research,* vol. 16, n° 6.
YARDLEY, L., AINSWORTH, B., ARDEN-CLOSE, E. & MULLER, I., 2015, The person-based approach to enhancing the acceptability and feasibility of interventions. *Pilot and Feasibility Studies, 1*(1), 1-,7.
YARDLEY, L., DOUGLAS, E., ANTHIERENS, S., TONKIN-CRINE, S., O'REILLY, G., STUART, B., *al.*, 2013, Evaluation of a web-based intervention to reduce antibiotic prescribing for LRTI in six European countries: Quantitative process analysis of the GRACE/INTRO randomised controlled trial. *Implementation Science, 8*(1), 134.

LES APPLICATIONS NUMERIQUES EN SANTE A L'EPREUVE DU CIRCUIT DE FIXATION DE PRIX ET DE REMBOURSEMENT DES PRODUITS DE SANTE, L'EXEMPLE DE MOOVCARE®

Audrey BECUWE
Clémence THEBAUT

Interview du **Dr Fabrice DENIS**, Oncologue à l'Institut de cancérologie Jean Bernard du Mans, Concepteur de MOOVCARE®

Moovcare® est une web-application qui permet de détecter précocément les récidives et complications pour les patients atteints d'un cancer du poumon. Chaque semaine, Moovcare® envoie au patient un email qui lui permet d'accéder directement à un questionnaire à remplir sur ordinateur, téléphone mobile ou tablette. Un algorithme analyse les réponses et génère automatiquement des alertes si une récidive ou une complication est suspectée. Ces alertes sont ensuite transmises au médecin spécialiste référent du patient.
Une étude de phase III a permis de montrer que les utilisateurs de Moovcare® vivent en moyenne 7,6 mois de plus que les patients bénéficiant du suivi classique comprenant des consultations et scanners réguliers (DENIS et *al*.,. 2014 ; 2017 ; 2019). Les résultats de cette étude ont été transmis à la Haute Autorité de Santé (HAS) en septembre 2018 dans le dossier de demande de remboursement déposé par SIVAN. Le remboursement est accordé depuis Avril 2019. Le prix sera fixé d'ici début 2020. Moovcare® est ainsi la première solution de télémédecine à avoir accès au remboursement.

<u>Pour en savoir plus :</u>
DENIS, F., VIGER, L., CHARRON, A. et *al*., 2014, Detection of lung cancer relapse using self-reported symptoms transmitted via an Internet Web-application: pilot study of the sentinel follow-up Support Care Cancer, 22: 1467.
DENIS, F., LETHROSNE, C., POUREL, N., MOLINIER, O., POINTREAU, Y. et *al*., 2017, Randomized Trial Comparing a Web-Mediated Follow-up With Routine Surveillance in Lung Cancer Patients. J Natl Cancer Inst., Sep 1;109(9).
DENIS, F., BASCH, E., SEPTANS, AL., BENNOUNA, J., URBAN, T., DUECK, AC. et *al*., 2019, Final overall survival results of a trial comparing web-mediated follow-up via patient-reported outcomes vs.

routine surveillance following treatment for lung cancer. JAMA :321(3) :306-307.
LIZÉE, T. et *al.*, 2019, Cost-Effectiveness of Web-Based Patient-Reported Outcome Surveillance in Patients With Lung Cancer. Journal of Thoracic Oncology, Volume 14, Issue 6, 1012-1020
HAUTE AUTORITE DE SANTE, 2019, MOOVCARE, Avis de la CNEDiMTS, https://www.has-sante.fr/jcms/c_2964253/fr/moovcare-poumon

Audrey Becuwe (AB) et Clémence Thébaut (CT) : L'utilisation de Moovcare implique-t-elle une modification de l'organisation de l'équipe de soins et des relations entre les professionnels de santé ?
Fabrice Denis (FD) : En effet, Moovcare® a conduit à créer un nouveau métier, celui d'infirmier ou de soignant de coordination. Ce professionnel suit à distance les patients à partir des données collectées, tient informés les praticiens en cas d'alerte et organise un rendez-vous pour recevoir le patient en consultation. On crée donc une nouvelle interface entre le patient et son médecin. Plutôt que d'attendre que le patient appelle son médecin parce qu'il se sent mal, comme c'est le cas dans le modèle de prise en charge classique, l'infirmier de coordination continue de suivre le patient entre les consultations et intervient si nécessaire avant que la santé du patient ne se dégrade. Pour financer l'enregistrement des patients dans le système MOOVCARE® et le suivi des patients, un acte de télésurveillance a été créé sur la liste des actes et prestations (LPP) après avis favorable de la Haute Autorité de santé (HAS) (*ndlr* Avis n° 2019.0023/AC/SED du 17 avril 2019). L'inscription de cet acte sur la LPP permet son remboursement par l'Assurance Maladie.

AB et CT : Quel est le modèle économique de Moovcare® et en quoi diffère-t-il des modèles économiques des produits de santé « classiques » (ex. médicaments, dispositifs, etc.) ?
FD : Le modèle économique de Moovcare® ne diffère en rien de ceux des produits de santé classiques. Le prix revendiqué a été déterminé, comme cela se fait habituellement pour les médicaments, en partant d'une part des montants investis en recherche et développement et, d'autre part, de la taille de la population cible bénéficiant du remboursement (*ndlr* maximum 35 000 patients par an).

AB et CT : Les négociations de prix avec le Comité Economique des Produits de Santé (CEPS) se passent-elles différemment ?
FD : Oui et non. Globalement, les négociations se passent de la même façon que pour les autres produits de santé, mais il existe une difficulté à savoir l'absence de prix de référence étant donné que Moovcare® est la première application à avoir été admise au remboursement. Il n'y a donc

aucun comparateur. La seule référence disponible est le forfait défini dans le programme ETAPE. Mais le programme ETAPE s'adresse à des pathologies - insuffisance cardiaque et diabète - dont la prévalence est très élevée (environ 500 000 personnes). Or il est cohérent que les prix négociés dépendent de la taille de la population cible, qui est plus petite pour l'application MOOVCARE®, sinon il n'y aurait aucune incitation à développer des applications dans le cadre de maladies rares. Par ailleurs, force est de constater que le forfait du programme ETAPE est très bas, quel que soit la taille de la population cible.

Le circuit de fixation de prix et de remboursement des produits de santé en France s'articule autour de trois principales étapes :

1. Les médicaments doivent obtenir une autorisation de mise sur le marché (AMM) qui est dispensée au niveau européen par l'European Medicines Agency (EMA) ou directement en France, par l'Agence nationale de sécurité du médicament et des produits de santé (ANSM), à partir des données d'efficacité et de tolérance. Les dispositifs médicaux sont quant à eux autorisés à partir du moment où ils disposent d'un marquage CE.
2. Si l'industriel souhaite obtenir le remboursement du produit de santé par l'assurance maladie, il doit soumettre une demande d'inscription sur la liste des spécialités remboursables auprès d'une des deux Commissions de la HAS : la Commission de la Transparence pour les médicaments et la Commission nationale d'évaluation des dispositifs médicaux et des technologies de santé (CNEDIMTS). Ces deux commissions émettent avis favorable ou non sur la base des données d'efficacité apportées par l'industriel.
3. En cas d'avis favorable au remboursement du produit, l'industriel négocie le prix de son produit avec le CEPS. Le CEPS prend en compte à la fois le niveau d'amélioration du service médical rendu (ASMR) estimé par la HAS (ou amélioration du service attendu (ASA) pour les dispositifs), la taille de la population cible et dans certains cas, l'avis rendu par une 3e commission de la HAS, la Commission d'évaluation économique et de santé publique (CEESP) sur le ratio coût/efficacité associé au produit.

Si un promoteur souhaite obtenir un remboursement d'une application numérique, celle-ci est évaluée par la CNEDIMTS.

Pour en savoir plus :

LEEM, Le parcours du medicament, https://www.leem.org/media/le-parcours-du-medicament

HAS, Référentiel de bonnes pratiques sur les applications et les objets connectés en santé (mobile Health ou mHealth), https://www.has-sante.fr/jcms/c_2681915/fr/referentiel-de-bonnes-pratiques-sur-les-applications-et-les-objets-connectes-en-sante-mobile-health-ou-mhealth

***AB et CT* : Qu'est-ce qui justifie l'écart entre les tarifs accordés à ces applications numériques, si l'on prend comme exemple les tarifs accordés dans le programme ETAPE, par rapport aux prix de médicaments innovants, en particulier en cancérologie, sachant que l'efficacité peut être comparable puisque MOOVCARE® a montré un résultat de 7,6 mois de survie supplémentaire ?**

FD : En dehors des raisons précédemment mentionnées (à savoir taille de la population cible concernée par le programme ETAPE), une première difficulté que l'on rencontre dans les négociations de prix est l'idée que le coût marginal de production d'une application numérique une fois lancée est quasiment nul, contrairement au médicament qu'il faut continuer de produire. Il reste à financer la maintenance et l'hébergement, mais le coût de production n'augmente pas de façon linéaire avec le nombre d'utilisateurs. Une seconde difficulté concerne la répartition équitable des coûts supportés par les différents pays dans lesquels l'application est déployée pour permettre le retour sur investissement en recherche et développement.

Pour obtenir l'AMM et le remboursement d'un produit de santé, les industriels sont contraints de réaliser des études cliniques et de suivre les recommandations méthodologiques communément admises au niveau international.

- Le design doit être celui de l'essai contrôlé randomisé, de préférence en double aveugle.
- L'étude doit être multi-centrique et doit, de préférence, inclure un ou plusieurs centres dans le pays pour lequel le remboursement est demandé.
- Le critère de jugement principal doit être cliniquement pertinent (survie, diminution d'un évènement clinique, etc.) ce qui implique le plus souvent une longue durée d'observation par contraste avec les critères intermédiaires ou de substitution (ex. biomarqueurs, résultats biologiques, etc.). (Cf. Budish et al. 2015).

Pour certaines technologies, ces standards méthodologiques ne sont pas applicables. Par exemple il n'est pas possible de mettre en place de double aveugle dans l'évaluation des interventions chirurgicales ou d'autres interventions non pharmacologiques.

Pour en savoir plus :

Haute Autorité de Santé, Comprendre l'évaluation des médicaments, https://www.has-sante.fr/jcms/c_412115/fr/comprendre-l-evaluation-des-medicaments

Haute Autorité de Santé, Comprendre l'évaluation des dispositifs médicaux, https://www.has-sante.fr/jcms/c_928541/fr/comprendre-l-evaluation-des-dispositifs-medicaux

BUDISH, E., ROIN B. N. and WILLIAMS, H., 2015, Do Firms Underinvest in Long-Term Research? Evidence from Cancer Clinical Trials, *American Economic Review*, 105(7): 2044-2085.

AB et CT : Diriez-vous que l'expérience de MOOVCARE® prouve que les méthodes d'évaluation classiques de type essai contrôlé randomisé sont finalement également adaptées à ces nouveaux produits, contrairement à ce que l'on entend souvent dire ?

FD : Le fait que la HAS n'accepte que les résultats d'efficacité obtenus au moyen d'essais contrôlés randomisés multicentriques sur des critères durs (e.g. en cancérologie, survie globale ou survie sans rechute) pose un problème pour le développement d'applications dans le cadre de maladies chroniques dont l'espérance de vie est longue (ex. polyarthrite, sclérose en plaque). En effet, pour ces maladies, il est long et très coûteux de montrer l'effet sur ces critères durs. En revanche comme MOOVCARE® s'adresse à des patients atteints de cancer à un stade métastatique, il était possible de montrer son efficacité sur ces critères, avec les mêmes méthodes que celles utilisées pour évaluer les médicaments. Une autre difficulté que posent les méthodes classiques d'évaluation est l'impact du principe de la randomisation (tirage au sort des patients qui vont bénéficier de l'application) sur le coût et la durée de l'essai. Les études sur MOOVCARE® ont par exemple pris sept ans. C'est une chance qu'à la fin de cette période, l'application ne soit pas dépassée. On comprend bien qu'une start-up ne soit pas intéressée de se lancer dans de telles études, pour se retrouver à la fin avec une application *« has been »* et risquer ainsi de ne pas avoir de retour sur investissement. C'est un peu le cas de l'application DIABEO® qui a mis beaucoup de temps pour obtenir un remboursement partiel (pour le diabète de type 1 uniquement) et qui est aujourd'hui en concurrence avec une nouvelle technologie, le pancréas artificiel. En revanche, si on renonce à randomiser les patients, on peut avoir très rapidement un nombre très important de patients. C'est ce que nous expérimentons actuellement dans le cas d'une étude menée sur une autre application - SMOCKECHECK® - qui vise à détecter des cancers des poumons chez des fumeurs à des stades curables. Plutôt que de réaliser un essai contrôlé randomisé, nous réalisons une étude prospective sur données de santé. Nous avons recruté 7000 malades en 4 mois car il suffit de télécharger l'application et de signer un formulaire de consentement de participation à l'étude. L'étude a été enregistrée par l'Institut National des Données de

Santé (INDS) dont les procédures sont plus courtes que celles de l'ANSM en charge de la validation des essais cliniques classiques. La comparaison ne se fait pas au moyen d'un groupe contrôle, mais à partir des données médico-administratives. En effet on compare les résultats de santé, à savoir le nombre de cancers du poumon opérables à partir de différents registres, dans les départements où l'application est lancée et dans ceux où elle ne l'est pas, et nous prenons en plus en compte le nombre de téléchargements de l'application par département. De surcroît, cette méthode a l'intérêt d'évaluer l'efficacité de l'application en vie réelle, d'emblée. Cette méthodologie est habituellement utilisée en économie pour évaluer des politiques sociales.

COMPTES RENDUS

Picard Robert (coord.), *La santé connectée citoyenne*, ISTE, 2019.
https://iste-editions.fr/products/la-sante-connectee-citoyenne

Corinne GRENIER
Centre d'expertise « Santé et Innovation »
KEDGE Business School

Le numérique est de plus en plus présent dans le champ de la santé. Le parcours de santé est désormais un parcours connecté ; et la vie des personnes dépendantes ou fragiles, à leur domicile ou en établissements spécialisés, devrait s'améliorer par l'usage de différentes technologies (de soin, de prévention, de surveillance, préservant un lien social...). Cependant, l'introduction et l'usage d'objets connectés ne posent pas que des problèmes médicaux ou techniques : si la santé est déjà et sera de plus en plus connectée, est-elle pour autant citoyenne ?

Le vocable de « citoyenneté » nous invite à considérer que l'usage des outils doit être fait au profit ou dans le but, certes de restaurer ou maintenir une bonne santé, mais pour et par des « êtres sociaux responsables », qu'ils soient patients, usagers, mais aussi professionnels, concepteurs et gestionnaires d'établissements ou de structures qui font usage des objets connectés. Les défis que pose la santé connectée doivent donc être envisagés du point de vue du citoyen et de la société : « *Cet ouvrage ambitionne de proposer une réflexion sur les enjeux et les conditions d'une appropriation pérenne des technologies (applications mobiles, dispositifs médicaux connectés etc...) pour nos concitoyens, au bénéfice de leur santé et plus largement de la santé des populations* » (p. 8-9).

Dès lors, parler des objets connectés requiert d'intégrer des vocables (et donc des préoccupations) tels que : appropriation, autogestion, liberté de choix, préservation des données, projets de santé et de vie, vie quotidienne, famille, etc...

Robert Picard et ses co-auteurs présentent dans leur ouvrage les enjeux associés et des approches fondées sur les sciences humaines et sociales afin d'identifier les défis à résoudre pour que les objets connectés deviennent des contributeurs efficaces de la santé et du bien-être. L'ouvrage expose aussi les difficultés rencontrées à partir d'objets et services existants et offre des pistes pour les résoudre. Le travail mené dans cet ouvrage est alors pluridisciplinaire.

Son coordinateur, Robert Picard, est Ingénieur général des Mines, et référent santé du conseil général de l'économie au ministère de l'Economie. Il est l'auteur de nombreux rapports sur la valeur des technologies en santé. Il est cofondateur du Forum LLSA, forum des Living Labs en Santé et Autonomie. L'ouvrage est ainsi marqué par cette « culture des FabLabs » : une approche expérientielle centrée sur les usagers et la personne. Bien plus que le malade, les co-auteurs nous amènent à élargir notre regard sur la santé connectée sur la personne (et donc son entourage).

L'ouvrage se structure en 12 chapitres, largement illustrés de cas et de retours d'expériences, et regroupés en quatre parties :

- La Partie 1 « *Ambitions de la santé connectée* » propose une vision citoyenne de la santé connectée à travers différents regards (éthiques, engagement et participation du patient) ; il questionne aussi les enjeux de la santé connectée pour les professionnels. Cette question éthique pose les questions d'acceptabilité des objets, de leur domestication, et encourage à une non-passivité des usagers, et donc à leur engagement, en particulier lors de la conception et l'expérimentation de ces solutions technologiques. Le patient est encouragé à être expert et actif, mais aussi militant. Cette exigence doit être aussi celle du concepteur des objets et des professionnels qui les utilisent (même si on peut regretter que l'ouvrage porte moins son regard et son analyse sur ces deux dernières catégories d'acteurs) ;

- La Partie 2 « *Observations et mesures* » s'intéresse à la transformation des interactions entre patients, professionnels dans le système de santé ; sont également interrogées la motivation du patient, la compatibilité des outils avec sa vie quotidienne… Les auteurs interrogent alors l'imaginaire des acteurs, la représentation des concepteurs pour analyser ici, de manière assez originale, les points forts et les limites des objets connectés. Leur usage génère une grande quantité de données, qui pose aussi la question de leur circulation pour générer une connaissance sur la santé connectée ;

- La Partie 3 « *Des méthodes et des outils mobilisables pour faciliter l'appropriation* » présente différentes approches méthodologiques pour concevoir et évaluer des solutions, dans une logique empreinte du design thinking (i.e. au regard des critères de désirabilité, fiabilité et viabilité), et garantissant la protection des personnes (non pas seulement de ses données, mais de sa vie et de son intégrité). La conception est ici abordée sous de nombreuses facettes : éthique, juridique, comme une approche participative, économique, par les usages… Les auteurs encouragent alors la mobilisation d'approches méthodologiques novatrices, telles que la socio-ethnographie, le design de service, la coconception… Un chapitre est consacré à la question de l'évaluation de l'usage d'une solution connectée, qui dépasse bien entendu la prise en compte des seuls critères médicaux et économiques. Dans le dernier chapitre de cette partie, la réorganisation du business model des organisations et la transformation d'une chaine de valeur qui relie un écosystème sont analysées ;

- 4° partie « *Perspectives* » s'appuie sur différents champs scientifiques (médecine, sciences humaines et sociales, sciences de l'ingénieur….) pour exposer un regard critique porté par un panel d'experts sur diverses expériences de santé connectée. Deux mises en perspective sont notamment discutées : un questionnement en santé publique, et un questionnement en sciences du management quant à la conduite des innovations.

La présentation et l'étude de nombreuses expériences illustrent abondamment l'ouvrage : l'utilisation d'une application mobile pour améliorer la prévention de la récidive du cancer, un pilulier limitant la manipulation de médicaments toxiques, le suivi de l'apnée du sommeil, le projet Secret Gilt pour les adolescents atteints d'un diabète 1, dans le suivi des maladies chroniques, le retour à l'autonomie suite à un AVC, bouquet de services pour les personnes fragiles vivant à domicile… Des projets de coordination à un niveau territorial sont aussi présentés (pour une coordination des professionnels autour des parcours de santé).

Cet ouvrage, extrêmement complet, et fortement empreint des principes des Fablabs (approche méthodologique et expérientielle de l'innovation ouverte) offre un regard étendu sur les questions posées par l'arrivée d'objets et de solutions connectés en santé.

Tout pour autant ne peut être dit ; et d'autres ouvrages sur ces questions peuvent compléter les choix retenus par Robert Picard et ses co-auteurs. On peut regretter (hormis une évocation dans le dernier chapitre) une moindre attention portée aux professionnels du soin, confrontés à l'utilisation de ces solutions, et à la relation modifiée avec les patients qui en découle. Ce sont de nouveaux métiers et compétences, ou un renouvellement profond de ceux et celles actuels, qu'il convient de penser et d'accompagner, dans la formation des universités et des écoles de management et d'ingénieurs, mais aussi dans les « universités des patients », qui forment toutes ces parties prenantes. Au-delà des dimensions techniques (dans les différents domaines concernés), c'est bien l'éthique, la coordination clinique et le pilotage stratégique des dispositifs en charge des parcours de santé, l'anticipation (avec notamment la médecine prédictive) qui devront désormais entrer dans ces programmes de formation. D'ailleurs une étude est actuellement en cours, portée par l'OPCO Santé, sur une prospective des métiers en santé à l'horizon 2020 (coordonnée par Corinne Grenier). Ces révolutions doivent également interpeler les autorités publiques, nationales ou en région, non seulement dans leur soutien à l'expérimentation et à la transformation des organisations de santé, mais aussi pour organiser la capitalisation des connaissances dans les territoires, en vue de les faire circuler, et favoriser leur appropriation et leur diffusion. Dès lors, si des plates-formes de capitalisation sont toujours nécessaires, c'est également un accompagnement managérial de l'appropriation des expérimentations qui doit être encouragé. Enfin, par un retour sur l'exigence éthique à laquelle nous appelle Robert Picard, nous encourageons tous travaux et toute politique qui interpellent et luttent contre la fracture numérique qui est un enjeu important pour une santé connectée pour tous.

Didier Castiel, *Economie de la santé. L'émergence d'une discipline*, Ellipses Editions, Paris, 240 pages, 19 mai 2020.

Didier CASTIEL
Université Paris 13

L'économie de la santé passe pour être une discipline jeune. En effet, il faudra attendre les années 1960 aux Etats-Unis et 1970 en France pour que ce domaine d'analyse soit investigué par les économistes. Et il s'agit bien d'un domaine d'étude particulier qui, globalement, a peu intéressé les économistes : il a fallu attendre que la santé prenne de plus en plus d'ampleur, bref, que les dépenses de santé augmentent dans nos pays industrialisés pour constituer un domaine digne de considération par les économistes. Et c'est bien au travers d'une logique de domaine que va émerger l'économie de la santé. Les premières analyses de ce domaine sont frustres. Elles se limitent à décrire les coûts, les dépenses de santé, les ressources consommées, le système de santé et son fonctionnement... Quant aux premiers modèles proposés par les économistes de santé, ils ambitionnent d'appliquer le paradigme néoclassique *stricto sensu* à ce domaine particulier et justement en faisant fi de la spécificité du domaine. C'est dire que la santé, dans une première approche, est considérée comme un bien de consommation courant pour lequel le consommateur réalise un calcul économique, comme il le ferait pour tout autre bien. Le fait que le consommateur ne soit pas le payeur de ce qu'il consomme est juste occulté : il n'y a pas de place dans le modèle pour l'intervention d'un tiers dans le financement des soins (l'assurance dans un système privé comme aux Etats-Unis, ou le financement collectif dans un système socialisé comme le nôtre, pilier de la solidarité). Dans cette perspective, la relation patient-médecin est décrite par analogie à la relation producteur-consommateur dans laquelle le producteur (le médecin) recherche la maximisation de son revenu et le consommateur (le patient) recherche la maximisation de son utilité (à savoir la maximisation de son état de santé), sans pour autant que la définition de la santé ou de la « bonne santé » ne soit envisagée. Il n'y a donc pas de réelle interrogation sur le résultat de l'intervention du médecin : il n'est pas possible d'apprécier le bien-être ou la satisfaction du patient-consommateur au regard de l'ingérence du médecin.

Outre le marché de la médecine ambulatoire, est considéré celui de la médecine hospitalière. L'hôpital reste ici une entreprise mono-produit dont l'objectif est de maximiser son profit au travers de la production de journées d'hospitalisation ou de séjours hospitaliers. La production de bien-être pour le patient est, là encore, occultée et l'hôpital reste une boîte noire dans laquelle on ne sait pas très bien comment les inputs (travail, capital et biens médicaux) sont transformés en outputs (mesurés non pas en termes de bien-être mais de journées d'hospitalisation).

Enfin, le marché de l'assurance santé est également considéré : elle vend un produit ou plus exactement un service, la police d'assurance, dans la perspective de réaliser un profit.

L'économie de la santé va avoir du mal à sortir de cette logique de domaine visant à appliquer le modèle néoclassique à la santé, pour produire ses propres modèles d'analyse. Le glissement d'une logique de domaine à une logique de discipline va être consommé avec l'article d'Arrow en 1963, qui passe pour être fondateur de l'économie de la santé. A cette époque, Arrow est reconnu depuis 1953 comme spécialiste de l'économie du bien-être, en référence aux travaux de Pigou (1920) sur cette question. Les assurances privées constatent que les dépenses de santé ont tendance à augmenter en lien avec le niveau d'assurance. Cela n'est pas sans les inquiéter et elles se tournent vers Arrow en vue de proposer une solution à cette envolée des dépenses. Arrow va proposer des pistes afin de réguler les comportements des consommateurs qui se trouvent couverts par l'assurance et dès lors, n'ont plus intérêt soit à limiter leurs dépenses, soit à modifier leur comportement préventif, soit encore les deux à la fois. La réponse est alors l'instauration d'un ticket modérateur (20 % en général laissés à la charge du patient aux Etats-Unis) ou d'un bonus/malus (revalorisation à la hausse ou à la baisse de la prime d'assurance) afin de l'inciter à réguler son comportement dans le sens souhaité par l'assurance. Les phénomènes de risque moral et de sélection adverse sont également étudiés pour décrire le comportement stratégique du patient face à l'assurance, mais aussi celui du médecin face au patient. Une explication est ainsi apportée à la croissance des dépenses induites par le fait d'être assuré (couvert par l'assurance). Et une solution peut alors y être apportée.

C'est ainsi qu'Arrow fournit une réponse pratique aux assurances en vue de maîtriser leurs dépenses de prise en charge. La question du résultat en termes de bien-être pour le patient n'est toujours pas abordée, mais la discipline « économie de la santé » commence bien à émerger.

Aussi, cet ouvrage ambitionne-t-il de retracer l'histoire de cette émergence tant aux Etats-Unis qu'en France, puisque l'économie de la santé émergera assez tôt en France, dès les années 1970. Il serait faux de penser que la logique de discipline a chassé, dès qu'elle est apparue, la logique de domaine. Les deux logiques ont continué à se développer concomitamment. Aussi, après avoir dressé cet historique allant des années 1950 aux années 2020, un chapitre est consacré à la présentation de la logique de domaine au travers des comptes de la santé et de la production macro-économique du système de santé. De même, la production micro-économique est également présentée. Les modèles théoriques plus spécifiques à l'économie de la santé sont également présentés et analysés dans une perspective de logique de la discipline et, entre autres, la relation pouvant exister entre l'économie du bien-être et l'économie de la santé est également étudiée, dans la mesure où elles prennent toutes deux leur essence auprès d'Arrow. Il est donc opportun de poser la question de savoir dans quelle mesure (ou pas), l'économie du bien-être a eu une influence sur l'émergence de l'économie de la santé, puisqu'au-delà d'une source commune, l'une est antérieure à l'autre ?

Dans les années 1980, en France, avec des contraintes budgétaires de plus en plus importantes, pesant sur l'hôpital notamment, les méthodes de calcul économique en santé ont été développées. Il convient donc de leur faire une place dans l'approche historique de l'économie de la santé.

Enfin, l'ouvrage s'achève sur une mise en perspective de la discipline. Si l'économie de la santé a eu du mal à s'imposer comme discipline nouvelle, elle a su produire des modèles interrogeant son avenir. Elle a connu des difficultés à émerger en tant que discipline, car les médecins n'y ont vu qu'un outil au service de la santé publique et les économistes plus orthodoxes n'y ont vu, eux, qu'un simple domaine d'analyse, incapable de produire ses propres modèles. Si les économistes orthodoxes considèrent l'économie de la santé avec mépris, force est de constater que malgré ce sentiment, les économistes de la santé, non sans mal, ont su développer leurs propres modèles d'analyse, notamment en matière d'allocation de ressources. C'est ainsi que la recherche de l'équité dans l'allocation des ressources fait partie intégrante des réflexions des économistes de la santé. Cela passe par une approche territorialisée dans l'allocation des moyens. Le lien entre économie et éthique se trouve alors esquissé au travers du concept d'équité, moteur des futures recherches en économie de la santé et qui portent sur l'avenir du système de santé.

Cet ouvrage se veut donc être à la fois l'histoire de l'économie de la santé, dans une perspective épistémologique de la discipline, en conservant donc une approche critique nécessaire en vue de faire évoluer la discipline vers des perspectives plus éthiques, à savoir améliorer le bien-être de l'homme dans une pure tradition d'économie du bien-être. Alors, l'économie de la santé trouvera certainement l'occasion, en toute logique, de se rapprocher de l'économie du bien-être, puisque leur père fondateur à toutes deux reste Arrow. L'équité, dans une démarche éthique, doit être le lien entre l'allocation des ressources et la transformation de ces ressources en bien-être. Cela suppose qu'enfin le véritable résultat d'un système de santé soit apprécié comme une production de bien-être et non plus comme une simple dépense, ce que les économistes orthodoxes nous ont fait croire pendant de nombreuses décennies. Tel est l'enjeu de l'avenir de l'économie de la santé, mais aussi du système de santé. L'économie de la santé saura-t-elle relever le défi ? En tout cas, cet ouvrage en est le témoignage, car il donne des pistes en ce sens. C'est aussi l'enjeu du développement et de l'acceptation d'une discipline nouvelle.

A PROPOS DE M&O

Marché et Organisations

Marché et Organisations est une revue d'économie et de gestion par thème, visant, outre un lectorat relativement large, à promouvoir la recherche relative aux liens et dynamiques entre le marché et les organisations (entreprises, institutions publiques, associations, etc.). Si le marché repose sur un mode d'allocation des ressources et sur la coordination des activités économiques au moyen de règles et au travers d'une combinaison de décisions individuelles et collectives, il se structure aussi en lien avec les organisations, dont les intérêts peuvent être divergents, complémentaires, convergents, et il touche divers enjeux autour de la coordination des acteurs. Comment les marchés sont-ils coordonnés autour de problématiques sectorielles, nationales, locales mais aussi internationales ? Comment les organisations tissent-elles leurs liens au travers et en référence au marché ?

Marché et Organisations questionne ainsi l'actualité économique et de gestion en révélant ces liens et les dynamiques, marchands et non marchands, entre le marché et les organisations. Son ambition est d'apporter aux chercheurs et aux praticiens, une réflexion rigoureuse et novatrice en économie et en gestion sur ces questions. Elle souhaite, en outre, diffuser ces recherches à l'ensemble de la communauté scientifique internationale. Ainsi, les contributions peuvent être en langue française et anglaise.

Market and Organizations

Market and Organizations is an academic journal in Economics and Management by themes, aiming, beside a relatively wide readership, to promote research on the links and dynamics between the market and organizations (companies, public institutions, associations, etc.). Whether the market is based on an approach of allocating resources and on the coordination of economic activities via rules and through a combination of individual and collective decisions, it is also structured in the relation with organizations, whose interests are perhaps divergent, complementary, convergent, and it involves several issues surrounding the coordination of actors. How are markets coordinated around the issues at level of sector, nation, local as well as international? How do organizations build their linkage through and in relation to the market?

Market and Organizations, thus, presents the questions on economic and management actuality by revealing these links and the dynamics, both market and non-market, between market and organizations. The ambition of the journal is to offer researchers and practitioners a rigorous and innovative reflection on economics and management on these issues. It also desires to disseminate these researches to the whole international scientific community. Therefore, the contributions can be in French and in English.

Les articles proposés :
- 45 000 - 50 000 caractères (espaces compris), incluant les notes de bas de page, la bibliographie, les tableaux, les figures et les annexes,
- soumis par email à : Dimitri Uzunidis et Justine Manier, uzunidis@univ-littoral.fr, justine.manier@univ-littoral.fr

Les domaines de recherche acceptés pour évaluation sont principalement en économie et en gestion. Sous réserve que le sujet du Cahier le justifie et que la ligne éditoriale de la revue soit respectée, des articles en droit, sociologie et histoire peuvent être acceptés. Les articles publiés peuvent être mono ou multidisciplinaires.

Marché et Organisations est une publication sous la responsabilité éditoriale du Réseau de Recherche sur l'Innovation : http://2ri.eu

La revue est diffusée par Cairn : https://www.cairn.info/revue-marche-et-organisations.htm

Site de la revue : https://www.rrifr.univ-littoral.fr/editions/marche-et-organisations/

The article submission should:
- comprise 45 000 – 50 000 characters (with spaces), including footnotes, references, tables, figures and appendices.
- submit by email to Dimitri Uzunidis and Justine Manier (uzunidis@univ-littoral.fr, justine.manier@univ-littoral.fr)

The research domains accepted for evaluation are mainly in economics and management. Provided that the topic of Special Issue justifies it and that the editorial line of review is respected, articles in law, sociology and history can be accepted. Published articles can be single or multi-disciplinary.

Market and Organizations is a publication under the editorial responsibility of the Research Network in Innovation: http://2ri.eu.

The Review is distributed by Cairn: http://www.cairn.info/revue-marche-et-organisations.htm

Web site: https://www.rrifr.univ-littoral.fr/editions/marche-et-organisations/

MARCHE ET ORGANISATIONS
L'HARMATTAN

Numéros précédemment parus

N°1 : Artisanat. La modernité réinventée, 2006
N°2 : La petite entreprise, elle a tout d'une grande. De l'accompagnement aux choix stratégiques, 2006
N°3 : Tourisme et Innovation. La force créative des loisirs, 2007
N°4 : Le travail. Formes récentes et nouvelles questions, 2007
N°5 : Les universités et l'innovation. L'enseignement et la recherche dans l'économie des connaissances, 2007
N°6 : Entrepreneuriat et accompagnement. Outils, actions et paradigmes nouveaux, 2008
N°7 : Développement durable des territoires. Economie sociale, environnement et innovations, 2008
N°8 : Développement durable et responsabilité sociale des acteurs, 2009
N°9 : Gouvernance : exercices de pouvoir, 2009
N°10 : Le travail collaboratif. Une innovation générique, 2009
N°11 : Economie sociale et solidaire. Nouvelles trajectoires d'innovations, 2010
N°12 : Relations à la marque et marques de la relation. Regards croisés sur le management relationnel de la marque, 2010
N°13 : Les contrats au service de la recherche ?, 2011
N°14 : Le potentiel économique de l'Afrique subsaharienne, 2011
N°15 : Management de la distribution, 2012
N°16 : Territoire Vert. Entreprises, Institutions, Innovations, 2012
N°17 : Eco-conception, conception et innovation. Les nouveaux défis de l'entreprise, 2013
N°18 : Intelligence économique : entreprises et territoires, 2013
N°19 : La finance globale. Un monde fini, 2013
N°20 : La crise du « développement », 2014
N°21 : La Chine innove. Politiques publiques et stratégies d'entreprise, 2014
N°22 : Go East! Nouvelles Economies de Marché, 2015
N°23 : L'économie du changement, 2015
N°24 : Le temps des artisans. Permanences et mutations, 2015
N°25 : Innovations de proximité et esprit d'entreprise, 2016
N°26 : L'avenir des économies du Maghreb, 2016
N°27 : Le sport aux frontières du marché du travail, 2016
N° 28 : Dynamiques internationales des entreprises, 2017
N° 29 : L'univers du risque, 2017
N° 30 : Petites entreprises dans l'histoire industrielle, 2017
N° 31 : Economie sociale et *Social Business* ? Au défi d'entreprendre et se financer, 2018
N° 32 : Education et fertilisation des économies africaines, 2018
N° 33 : L'entrepreneuriat innovant dans les pays du Maghreb, 2018
N° 34 : L'entrepreneuriat scientifique : institutions et innovation, 2019
N° 35 : Le champ économique de la culture, 2019
N°36 : Economie sociale et solidaire ? Modèles d'innovation et modes de gouvernance, 2019
N°37 : Rethinking luxury business, 2020

Structures éditoriales du groupe L'Harmattan

L'Harmattan Italie
Via degli Artisti, 15
10124 Torino
harmattan.italia@gmail.com

L'Harmattan Hongrie
Kossuth l. u. 14-16.
1053 Budapest
harmattan@harmattan.hu

L'Harmattan Sénégal
10 VDN en face Mermoz
BP 45034 Dakar-Fann
senharmattan@gmail.com

L'Harmattan Cameroun
TSINGA/FECAFOOT
BP 11486 Yaoundé
inkoukam@gmail.com

L'Harmattan Burkina Faso
Achille Somé – tengnule@hotmail.fr

L'Harmattan Guinée
Almamya, rue KA 028 OKB Agency
BP 3470 Conakry
harmattanguinee@yahoo.fr

L'Harmattan RDC
185, avenue Nyangwe
Commune de Lingwala – Kinshasa
matangilamusadila@yahoo.fr

L'Harmattan Congo
67, boulevard Denis-Sassou-N'Guesso
BP 2874 Brazzaville
harmattan.congo@yahoo.fr

L'Harmattan Mali
Sirakoro-Meguetana V31
Bamako
syllaka@yahoo.fr

L'Harmattan Togo
Djidjole – Lomé
Maison Amela
face EPP BATOME
ddamela@aol.com

L'Harmattan Côte d'Ivoire
Résidence Karl – Cité des Arts
Abidjan-Cocody
03 BP 1588 Abidjan
espace_harmattan.ci@hotmail.fr

L'Harmattan Algérie
22, rue Moulay-Mohamed
31000 Oran
info2@harmattan-algerie.com

L'Harmattan Maroc
5, rue Ferrane-Kouicha, Talaâ-Elkbira
Chrableyine, Fès-Médine
30000 Fès
harmattan.maroc@gmail.com

Nos librairies en France

Librairie internationale
16, rue des Écoles – 75005 Paris
librairie.internationale@harmattan.fr
01 40 46 79 11
www.librairieharmattan.com

Lib. sciences humaines & histoire
21, rue des Écoles – 75005 Paris
librairie.sh@harmattan.fr
01 46 34 13 71
www.librairieharmattansh.com

Librairie l'Espace Harmattan
21 bis, rue des Écoles – 75005 Paris
librairie.espace@harmattan.fr
01 43 29 49 42

Lib. Méditerranée & Moyen-Orient
7, rue des Carmes – 75005 Paris
librairie.mediterranee@harmattan.fr
01 43 29 71 15

Librairie Le Lucernaire
53, rue Notre-Dame-des-Champs – 75006 Paris
librairie@lucernaire.fr
01 42 22 67 13